从宇宙大爆炸到
人类文明的科学世界观

丈量人类世

|陈竹亭| 著

ANTHROPOCENE

《丈量人类世：从宇宙大爆炸到人类文明的科学世界观》版权声明
著作权合同登记号：图字 13-2023-30
原版书名：《丈量人类世：从宇宙大霹雳到人类文明的科学世界观》
陈竹亭 著，陈昕昀、钟莹芳 插画，倪旻锋 封面设计
中文简体字版©2023 年由福建科学技术出版社出版。

本书经城邦文化事业股份有限公司商周出版事业部授权，同意经四川一览文化传播广告有限公司代理，由福建科学技术出版社出版中文简体字版本。非经书面同意，不得以任何形式任意重制、转载。

图书在版编目（CIP）数据

丈量人类世：从宇宙大爆炸到人类文明的科学世界观 / 陈竹亭著 . —福州：福建科学技术出版社，2023.4
 ISBN 978-7-5335-6964-8

Ⅰ.①丈… Ⅱ.①陈… Ⅲ.①人类活动影响—地球—研究 Ⅳ.
① P183 ② P461

中国国家版本馆 CIP 数据核字（2023）第 039007 号

书　　名	丈量人类世	
	从宇宙大爆炸到人类文明的科学世界观	
著　　者	陈竹亭	
出版发行	福建科学技术出版社	
社　　址	福州市东水路 76 号（邮编 350001）	
网　　址	www.fjstp.com	
经　　销	福建新华发行（集团）有限责任公司	
印　　刷	福州德安彩色印刷有限公司	
开　　本	890 毫米 ×1240 毫米　1/32	
印　　张	7	
字　　数	200 千字	
版　　次	2023 年 4 月第 1 版	
印　　次	2023 年 4 月第 1 次印刷	
书　　号	ISBN 978-7-5335-6964-8	
定　　价	38.00 元	

书中如有印装质量问题，可直接向本社调换

目录
CONTENTS

推荐序　人类世：一个新的觉悟……1

自序　科学与人类世……5
　　　——科学与科技在人类世如何演化？

前言　科学家的世界观……13
——科学的世界观是如何形成的？

第1节　科学革命开启了近代科学的世界观……15

第2节　望远镜让人类视野投向宇宙边际……17

第3节　显微镜扩展了人类的微观视野……18

第4节　新思想与新知识论萌芽……20

第5节　近代化学挥别炼金术……21

第6节　元素与原子组成物质的世界观……23

第7节　科学时代，福焉？祸焉？……26

第一章　科学家如何看宇宙时空 ……29
——科学家如何知道宇宙年龄为138亿年？

第1节　我们处在宇宙的何处？ ……30

第2节　宇宙的年龄有多大？ ……34

第3节　从天文学到宇宙学 ……40

第4节　省思：何谓伪科学？ ……48

第二章　从太阳系探索到太空旅行 ……51
——人类探索太空的目标为何？

第1节　人类如何认识太阳系？ ……52

第2节　太阳系的形成与前世今生 ……53

第3节　太阳系的组成 ……62

第4节　近距离探测太阳系天体 ……63

第5节　人类向太空探索 ……75

第6节　太空探索的思考 ……82

第三章　地球的演化 ……85
——科学能解决地球的环境危机吗?

第1节　风调雨顺的地球……87

第2节　生物圈稳定的环境……102

第3节　能源与环境的四个主要危机……112

第四章　生命的进化 ……121
——第六次生物大灭绝将是人类世的宿命吗?

第1节　进化之舞……123

第2节　第六次生物大灭绝……137

第3节　居维叶与莱尔主张的漫长地质时间……145

第五章　人类的兴起 ……149
——人类如何遍布全球的每一个角落?

第1节　人类的进化……151

第2节　DNA与人类大迁徙……163

第3节　省思:人是万物之灵吗？……171

第六章　人类文明与人类世 ……175
——科学能开创人类世未来的新契机吗?

第1节　24小时框架下的全新世……176

第2节　历史上文明崩溃的社会……180

第3节　人类世的起点……190

第4节　工业革命与人类世……194

第5节　精神文明是人类世的希望?……202

结语　人类世的边际 ……214
——人类世是文明的边际吗?

推荐序

人类世：一个新的觉悟

这是一个反省的时代，人类正在从物质欲望的无限膨胀幻想中逐渐清醒过来，而"人类世"这个全新概念的出现，正是这个清醒现象的一个明确指标。

在我求学的 1960 年代，整个人类社会最被推崇、最有价值的，就是发展科学与工业技术。这两方面都先进的国家是发达国家，是其他国家羡慕的对象。那个欲望膨胀期的开端，是 18 世纪的工业革命，生产机器不断被开发出来，许多民生物资开始可以被"大量制造"，所以就需要大量原料及能源，进而自然导致人类大量挖矿、燃烧化石燃料，从煤开始，遍及石油。

于是迎来了大都市的烟雾，以及空气污染带来的酸雨及 PM2.5，还有全球变暖。由于大气污染的扩散，灾害就变得全球化了，任何国家都逃不掉这些后果。人们终于了解，地球资源（包括空间）不是无穷无尽的。人类掌握了巨大的科技能力，却恶化了地球环境。地球是个有限的物理系统，有干预就一定有反应，只是反应要到一定时间才会显露出来。

现在人们终于觉醒，知道不能只有开发，而没有善后，要不然接下来的阶段会叫做"不可收拾"。但无疑还有许多人需要觉醒，这需要全世界有识之士的努力。

把人类开始有撼动、干扰大自然这种能力的时期称为"人类世"，的确是实至名归，它把前因后果以画龙点睛的方式呈现出来。但要如何才能使人们了解这整个变动的来龙去脉呢？

这就必须从地球在宇宙中的地位说起，它经历了什么样的物理化学变动，它的环境如何一步步变得适合生物生存；以及生物的演化过程，乃至出现了"人类"这种怪咖生物，他们又如何开始影响地球环境。本人的拙著《天与地》（台湾牛顿出版社，1996年）一书想要阐明的，其实就是这个观点。时隔二十几年，终于又看到《丈量人类世》这样的科普书。

本书的行文流畅，风格平易，涵盖学科也非常广，论述深入浅出。作者陈竹亭教授与我见过几次面，因此知道他对科普教育十分热心。这本书不仅足以作为环境教育的教科书，也很适合初、高中以上，以及关心地球环境的社会大众阅读，值得大力推荐。

很巧地，提出"人类世"这个概念的诺贝尔化学奖得主、大气化学家克鲁岑（Paul Crutzen, 1933~2021）教授，我也见过不少次面。2003年夏天,我应邀去柏林参加德国洪堡基金会(Alexander von Humboldt Stiftung)五十周年庆典,其后并赴位于美因茨(Mainz)的普朗克化学研究所(MaxPlanck Institute for Chemistry)访问3个月。克鲁岑教授原是该研究所的所长,那年刚退休,因此那一阵子跟他谈了不少。他待人非常亲切,初次见面就邀我和内子丽碧到他家聚餐,他夫人亲自下厨做了几道东方式的快炒菜肴,还颇可口。他除了有荷兰人传统的为学严谨及直爽之外,也颇具荷兰人的特殊幽默感,和他交谈十分愉快且充实。克鲁岑教授已于2021年1月28日去世,但我相信他提出的"人类世"概念及其研究,将持续在全世界被发扬推广。

王宝贯

台湾"中研院"院士、台湾成功大学航空太空工程学系客座特聘讲座教授

自序

科学与人类世
——科学与科技在人类世如何演化?

科学家认为人类文明已经引领这个世界进入了"人类世"。

这是一个崭新的观点,由荷兰的诺贝尔化学奖得主克鲁岑提出。"人类世"的英文"Anthropocene"(暂定名)的前缀是人类(Anthropo),词尾是地质新生代(Cenozoic)。地质学上,将距今11700年前的冰期消退、世界变暖的这一时期称作"全新世"(Holocene)。从那时起,人类开始发展出地球上第一次的"文明"。而克鲁岑主张:自从工业革命之后,人类已经引导世界进入了一个新的世代。

一万年前,人类曾经昂首挺胸地走出了自然冰期的困境,进入全新世。到了最近的世纪,人类的科技文明更突飞猛进地改变了自然界。

然而,到了"人类世",我们面临的困境不再是天灾,而是人祸!

全球变暖、气候变迁等环境危机，以及各种能源危机都向我们发出了警告；自然生态多样性丧失，第六次生物大灭绝正在上演……人类能够继续欣欣向荣的辉煌历史吗？

17~18世纪，欧洲启蒙运动兴起，欧美的知识分子在全世界率先有了自觉，学会理性、科学地思考问题，并借此寻求、了解我们的世界。启蒙运动令欧美社会民智大开。东西方强者也渐渐开始推动现代化建设，创造法治社会，以促成集体智慧的进步。

岂料，启蒙运动的200年后，人文与科学偏颇演化的结果，竟然使得两者渐行渐远、互不往来。在历史上，距离我们不到200年这段时间里，近代科学技术迅速发展，但与人文却形成泾渭分明的疏离之势。英国学者C.P.斯诺（Charles P. Snow, 1905~1980）称之为"两种文化"。

人类世科技与商业结合的物质文明仍然在加速前行，却难掩精神文明背离了人性期许，也疏离了和自然生态和谐共存的方向。缺少了人文的制衡，科技所塑造的新世界离自然愈发遥远，人类世终将何去何从，成为更深远的问题。

很具讽刺意义的是，在人类世我们有时被自己的科技成就蒙蔽了双眼，自以为成功地创造了新世界，却不知道我们在演化的舞台上仍是新手，忽略了我们在自然中最根本的需求仍然是求生存。科技加足马力猛冲，却如脱缰之马，没有了方向，更无法对科学或人文的内在价值做出睿智的抉择。

英国环境学家詹姆斯·洛夫洛克（James Ephraim Lovelock, 1919~2022）是一位"未来学"专家，他曾说："我不认为我们已经演化到足够聪明的地步，可以处理复杂的气候变迁问题。"大自然演化的智慧沉浸在悠久漫长的时间长河中，如果我们不以长时间的观点思考问题，那么根本无法学习到为文明方向掌舵的功课。

物质文明尚未建立之前的人类社会，相较之下更为注重美德的培养，也更重视深耕精神文明。东方人讲求天人合一，文艺复兴到启蒙运动时代的欧洲更是人文荟萃，音乐、戏剧、文学、哲学、历史等与科学并进。然而曾几何时，科学与科技变得独善其身！

我个人以为：人类精神文明的本质能否提升，将决定人类世的上升或沉沦。

这本科普书是我从在台湾大学所教授的通识课中整理而成的，摘录了宇宙与自然史和人类的文明发展史，以及从人类世的观点检视科学与科技的演化。自2007年起，在几位助教的协助下，我将通识课的内容大幅从环境化学转向宇宙和自然史，但保留了环保和文明永续概念，并且将实体课录制成网络开放课。

2008年底，台湾大学成立了"科学教育发展中心"（CASE），我担任首任中心主任。2010年，我将通识课易名为"自然、环境与永续文明"。两项工作的共同目标乃是希望让更多学生及普罗大众，能通过科普认识我们身处的环境及生命的演化。

2013年，我受教育部门之邀主持"科学人文跨学科人才培育计划"。凡是认识、处理或解决当今社会中各种真实问题，都需要有人文观点、社会观点辅以科学、科技的应用知识。简言之，跨学科人才是能够跨领域对话、合作的专家，而人类世正是一个跨学科的新概念。

2021年新冠疫情横行，我利用长期居家的机会撰成此书。除了希望为广大中学及中学程度以上的读者提供一本合适读的自然史，也是在以宇宙时空的尺度和科学的世界观为主轴，借着科普知识阐释人类世。

第一章到第三章，分别从宇宙、太阳系、地球的角度来思考物质世界的现象、成因与演化的过程，宏观地认识我们的自然环境。认识遥远的星球和时空宇宙，会让我们思考人类哲思的初心。诸如我们在哪里？自然界是如何形成的？会往哪里去？为什么地球不同于其他星球？大自然为何会如此繁复、美丽且生机蓬勃？

接下去的第四、五章则是谈生命和人类的演化，让读者一窥科学家在长时间的演化中，拼凑出自然界的生命是如何走到今天的光景？"演化"是一个神奇又特殊的科学观点，生物灭绝也同样在改变世界。这两章可以让我们关注生命从哪里来？往哪里去？而我们人类究竟是万物之灵，还是异于禽兽者几希?

最后一章叙述工业革命是如何加速改变世界文明的,同时也指出世界进入了"人类世"的观点。本章介绍科学家提出人类世的来龙去脉,并阐明人类应当检讨科技在文明中与经济结合、交错演化的进程。对于误用科技纵容物质文明的泛滥,必须及时产生自觉,建立合理且善良的世界观。人类需要认识对环境产生的影响,节制物质欲望,提升生命中崇高的精神力量,设法与自然永续并存,以免全人类文明倾圮的厄运。

本书的知识底蕴涵盖了物理、化学、地质、天文、生物、人类学,以及历史、地理等学科,属于跨学科的科普书籍。虽然力求简明,但在必要之处仍然保留了一些专有名词,且为了保持精准的词汇含义,也附注这些关键词的英文,重要的科学家名字也加注了英文名和生卒年,为有意愿做延伸阅读的读者提供参考。

除了知识方面的介绍,这本书的另一个重点,就是"科学的世界观"。

"世界观"是每个人集合自己的知识和信念,萃取出对世界的"整体观点"(Wholistic Viewpoint)。科学家固然应该时时自省科学文化的发展,研究人文社会科学的专业人士也应该积极地从人本观点思考问题,并且尝试引领新世代的科学,或者实行跨界的思辨。这就要求他们需要具备科学的世界观。

我和学生讨论科学和人文的跨领域议题时，常感慨即使在 21 世纪科学甚为普及的今天，仍然有很多年轻人缺乏现代科学的世界观，而我认为这应该是作为一个现代年轻人的基本素养。

观点绝不仅是信手拈来的想法，更非天马行空的泛泛意见。观点直接的意思就是"透视"。做学问与学科学习最重要的宗旨之一，就是要认识前人对知识的观点，这绝不仅是对知识的认知而已。对于表达观点者的立场、知识及视野，要有多元化、多方位的正确想象，才能深入掌握、理解叙事者提出这些观点所要表达的真实意义。当你能够将所获取的知识、信念与世界连接，并产生理性的联想，这就是建立属于你自己的世界观的第一步。

这里把"观点"说得有点儿复杂，不仅是希望身为学习者的学生们能建立科学观点，也是在提醒身为教学者的老师们，要在教学中对学生常常"设身处地、将心比心"，这样才能帮助学生清楚理解教师们想要传达的概念。

本书中详述了诸多科学观点，譬如宇宙的发生、宇宙的年龄、宇宙的时空概念、恒星与行星的诞生与死亡、原子构成的世界、自然及生命演化、人类的进化、人类文明的形成、自然环境与人类永续并存、人类的未来……这些看似离我们很遥远，但其实都会影响我们看待自身及人类的生命意义，进而影响个体以至群体面对生存与生活的态度。

个人的世界观会影响个人的人生观；大众的世界观则会影响社会集体的智慧，从而影响我们未来发展的方向！

前言

科学家的世界观
——科学的世界观是如何形成的？

本书要带你从"科学的世界观"认识人类世，在说明科学的世界观之前，让我们先思考"科学"是什么意思？

有人把中国古代制造的浑天仪、地动仪当成科学，也有人把古人的生活技术当成科学。但"技术"（Technology）和"科学"（Science）不尽相同。确切来说，技术可看成源自经验的发明，科学则源自人类理性思维与自然的对话，常常被认为是发自心智的一种以严格理性为本的特殊思维，人类借此发现或发明、创造出抽象的新概念。

150万~200万年前，人类就展现了敲打、制作石器的本事。而当直立人出现在地球演化的舞台上时，他们开始投射掷远、制箭矛、设陷阱，狩猎技术大为进步。11700年前，地球从寒冷的冰期进入到温暖的全新世，智人发展出了农业、牧业，文化技术脱胎换骨，地球上第一次有了文明。

先民的石器制作从旧石器时代进入新石器时代，历经了一次技术的大跃进。其间,很多族群都发展出各自的石器技术,有些族群更进一步创造出陶器、青铜器、铁器,他们的文化因此有了新材料技术的标志,也为历史注记了陶器时代、青铜器时代、铁器时代等文明纪元。

文字则是人类另一项心智思维产生的抽象符码,有文字的社会才能创造历史,产生世界观。而科学则使得世界观脱胎换骨、典范转移。

相较于技术层面的不断突破,科学思维的原始创造,在人类历史上只发生了两次。

第一次是在公元前600~前300年的古希腊雅典,理性与逻辑率先创造了数学。从毕达哥拉斯(Pythagoras,前570~前495)到欧几里得(Euclid,前330~前275),《几何原本》是最出色的成果。书中从寥寥几个公式推导出来的平面几何定理,展现了古希腊人严谨的逻辑推理思维。

接着是亚里士多德(Aristotle,前384~前322),他致力于自然哲学,思考人与自然界的关系,以及自然界的种种规律。他提出的世界观主宰了西方历史近2000年。虽然这些主张的理论内容,现在已经大多被近代科学推翻,但是亚里士多德提倡的理性观察和分析方法,对自然、人文所建立的系统学科分类,仍是科学中的经典之作。

历史上第二次的科学思维的原始创造,发生在16~17世纪的欧洲。在天文学、物理学上,科学家们复兴了古希腊人的理性思考和数学逻辑,并且发明了验证理论的新数学、新工具和新方法。这一时期史称为"科学革命",使得天文学和物理学都有了全新的科学典范。新科学引生的科技在最近200年成为普世的厚生发明。科技成为工业革命的产物,也成为现代化的象征。

第1节 科学革命开启了近代科学的世界观

科学革命的先锋,是被誉为实验物理之父、近代科学之父的伽利略(Galileo Galilei, 1564~1642),他曾说:

第一眼看上去认为不可能的事,有时仅用少许理性的分析或解释,就可以把遮蔽的掩饰除去,显露简单赤裸的真理之美。

伽利略矢志恢复柏拉图以数学和理性来观察、掌管物体运动的力学,他的信念在这段话中清晰可见。伽利略先是以非直观的数学描述物体运动中的加速度,并且提出了"地球重力论"。他曾预测在真空中,从高塔受重力落下的铅球和羽毛将会同时着地,后来经过实验,果然如他所言。这是依据科学伟大洞见所做的预言。

当伽利略发现木星的4颗卫星时,因为与当时认为天上星辰只能环绕地球运行的传统信仰相悖,就毅然抛弃了世人众口铄金的"地心说",而决心接受具有革命性主张的"日心说"。伽利略选择"日心说",是走在极少数人愿意尝试的新世界观的钢索上,这样的主张不见容于当时的教廷,伽利略更因此一度被定罪。

伽利略是第一个将望远镜指向天空的人,他能够善用新的工具,观察新的事物对象,而获得新的知识,开拓新的心智视野,这正是科学发迹的重要突破。伽利略也因此被誉为"近代科学之父"。

科学革命的精神,是近代科学家选择站在历史中具有自然哲学、纯粹理性及数学形式逻辑的方法上,学会如何对科学问题设计出工具和实验,然后努力获得可验证的数据和其他信息,叙说出有意义、有洞见、可预测的科学结论。

牛顿(Isaac Newton, 1643~1727)承继了这种科学方法和精神,是集哥白尼、开普勒、伽利略以来物理力学之大成者。他在1687年出版了《自然哲学的数学原理》,这本书是古典物理学的首篇,成就了科学革命的典范转移。新科学强调的是理论与实证并行,同时也建立了全新的科学世界观。

历时逾200年的科学革命,终于使人类的心智得以突破感官的界限。天文与物理学家的心智视野超越了历史中帝王与贤哲的亲眼所见、亲身所历,打击了星象术士的幻想和谬论。万有引力定律的科学知识得以精准预测前人未曾思考,甚至从未经历、想象的认知范畴。科学不仅能预测天文现象，如行星轨迹、天体的运动行为，新科技甚至据以将人造卫星和宇宙飞船发射至太空，精准地在环绕目标的轨道上飞行。

20世纪，人类登上了月球，如今则把想象力指向火星和其他天体，这些伟大的太空工程，正是牛顿力学实际应用的精彩范例。

第2节 望远镜让人类视野投向宇宙边际

在诸多近代天文物理学术研究的先驱项目中，美国国家航空航天局（NASA）主导的哈勃太空望远镜（Hubble Space Telescope）无疑是科学殿堂中的一颗明星。

哈勃太空望远镜的名称，是为了纪念主张宇宙仍在膨胀的20世纪美国天文学家哈勃（Edwin Hubble, 1889~1953）。哈勃太空望远镜对宇宙的新发现，不仅极具科学启发性，其传回的影像也深深吸引着全世界媒体及普罗大众的目光。它的观测深入宇宙边际，就像是把视野投入宇宙最初的时间，引领人类遨游于爱因斯坦的宇宙时空。

1990年，NASA发射了哈勃太空望远镜，将它放置到高达260千米的太空轨道。上面装载当时世界上最大的光学望远镜及各种光学相机。哈勃太空望远镜孤独地踽行于太空，在没有大气层的干扰下，毫无保留地将人类的心智视野往宇宙边际的时空投射。哈勃太空望远镜为人类提供了关键的宇宙信息，更精准地测量了宇宙的年龄，让我们了解到宇宙从"大爆炸"至今超过137亿年，这个重大科学贡献，是人类科学文明的一大步！

望远镜绝不仅仅是一个新的科学工具而已，其英文名中的"SCOPE"，意思是"视野"，它不仅延伸了科学家肉眼的视力范围，也象征着向所观测的目标对象投射出观测者的心智。

自从伽利略将望远镜指向星空，观测者的心智也随之无限扩展。心智的扩展是人类发明科学新工具、新方法的终极意义，而在使用科学新工具或新方法时，也要能保有好奇心，发挥想象力，拓宽视野。

伽利略的望远镜，标示了他领悟到地球不是宇宙的中心。哈勃太空望远镜则以"137亿光年的宇宙"，注记了20世纪人类理性的时空视野。

第3节　显微镜扩展了人类的微观视野

另一个与伽利略使用望远镜相似，但又是从相反方向扩展心智的例子，是17世纪荷兰的列文虎克（Antonie Philips van Leeuwenhoek, 1632~1723）改良的显微镜，揭开了微观宇宙，将人类的视野指向肉眼视力所不能及的微观世界。

同时期,在学术上常常与牛顿对立的英国皇家科学院博物学家胡克(Robert Hooke, 1635~1703),也在探索微观世界上迈出了一大步。他在1665年出版了《微观视界》(*Micrographia*),其中形形色色的发现让同时代人大开眼界。例如书中手绘的跳蚤图,这种黑黑小小、来去无踪的昆虫界跳高能手,利用那有如变形金钢的后腿可以让它们一蹬达30厘米高,其力学效益好比一个人一跃达100米高!

昆虫学家今天仍不完全清楚关于这种蚤目昆虫的进化历程。从今日的电子显微镜下观察这些寄生在各种哺乳动物或鸟类身上的跳蚤,它们的身体结构、生命周期、生活形态,仍然让专家们惊叹不已。

此外,胡克也在这本书中首创了"细胞"一词。细胞是生物体结构和功能的基本单位,能够研究肉眼难以辨识的细胞,是生物学上的一大突破。

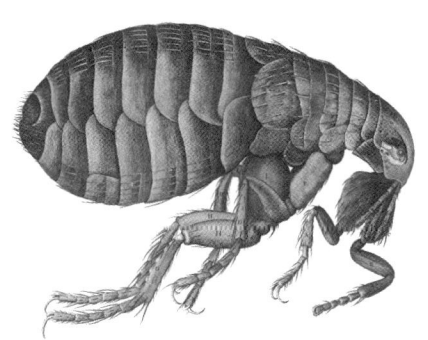

胡克笔下描绘的跳蚤

显微研究为人类开启了另一扇心智之窗，它代表人类科学视野的空间尺度不仅能向百亿光年外遥远的星际与浩瀚的宏观宇宙延伸，也能往内指向微米（10^{-6} 米）级或纳米（10^{-9} 米）级的微生物、分子和原子的微观世界。

第4节　新思想与新知识论萌芽

望远镜和显微镜的先后问世，扩展了科学家对广袤宇宙和微观世界新的想象，也带来了新的理论与世界观。

在传统的世界观中，永恒和无限是不可能存在的，只有在神祇的国度中才被允许存在。古希腊的宇宙观是以地球为中心，上帝以天顶苍穹为边际，设下了空间的界限。

但到了 17 世纪，英国哲学家霍布斯（Thomas Hobbes, 1588~1679）的机械哲学产生了新的阶层，他认为宇宙是大型的机械体，遵照物理学的基本定律运行。这种把宇宙视为机械的观点，打破了人们对宇宙的认知，而将星辰的世界臣服在物理力学的统治下，依规循理而行。

而在思考方法与看待知识的态度上，17 世纪的理性主义者将理性分析与实证方法相结合，也找到了科学思考的新方向。培根（Francis Bacon, 1561~1626）和笛卡尔（Rene Descartes, 1596~1650）是那个时期的代表人物。1605 年，培根曾针对科学行为表示：

没有比寻求真理更适合我的工作。有足够敏感广识的心灵，能看穿万物的同；足够坚定稳固的心智，能分辨诸事细微的异；以上苍赋予的探索欲望，以坚毅的怀疑，喜爱静思冥想，不急于定论，随时思考，谨慎取舍，不固守旧习，也不盲从于新奇，且立志憎恶虚假。

笛卡尔则针对真理的探究说：

如果真想成为真理的追求者，一生中至少要有一次对一切事物存疑的经验，而且怀疑得越深远越好。

直到今天，这样的批判思维仍然可以作为科学研究者的典范思维。

第5节　近代化学挥别炼金术

物理的力学观点满足了人类对机械宇宙运作和活动的想象。但在17世纪时，科学家对物质组成的知识，仍然走不出炼金术的迷宫。

牛顿对万有引力的研究，完美地阐释了物质世界中机械力学运作的规律，是第一位以系统科学了解物理的先知。但是牛顿在晚年时，因为认为炼金术可以将人引向心灵世界的奥秘而沉迷其中。他成篇累牍未曾发表的炼金术研究手稿，显示了牛顿在炼金术上投注了巨大的精力，却不得其门而入。

其间，物质科学的革命大纛（dào）跟随着文艺复兴和宗教改革的步伐，如同照亮知识黎明的一道曙光，已经悄悄浮现，只是当时大多数的世人仍在梦乡沉睡。

与牛顿同时代，英国的波义耳（Robert Boyle, 1627~1691）基于牛顿的物理成就，也接受了当时盛行的"微粒论"（Corpuscularianism）的洗礼。他相信物质世界是由不同的基本元素组成，不同的元素各有不同的微粒，其排列、集合、重组、分解造成了世界多样、形变的繁复面貌。

这是非常先进的物质概念，波义耳甚至确立了以简易有序、可以设计和理解，能重复执行的实验，建立了对科学研究做详实记录，而且可以重复检验结果的实验方法。

可惜，波义耳仍然不能在实验上厘清元素的真伪，也无法在实验中切实区辨元素和化合物。而当时，贝歇尔（Johann Joachim Becher, 1635~1682）主张物质在燃烧时会释放"燃素"（Phlogiston）到周围环境的其他物质中。科学界大多笃信空泛的燃素是导致燃烧现象的原因，可是从来没有人能证明燃素的存在，也无法解释为什么硫（S）和磷（P）的燃烧产物重量会增加，而含碳酸钙（$CaCO_3$）的燃烧，产物的重量却减少。

对于物质性质的变化，波义耳也无法脱离炼金术的窠曰,他甚至在布兰德(Hennig Brand, 1630~1710)发现了白磷后,将其当作"哲人之石"(Philosopher's Stone),狂热地探索其奥秘("哲人之石"就是《哈利·波特》书中所谓的魔法石)。炼金术士传说,"哲人之石"和任何物质接触,都会将其变成最纯粹的成分,甚至能使生命不朽。

波义耳迷失在伪科学、形而上学及宗教混淆的炼金术幻梦中无法自拔。他虽然在1661年出版了划时代的《怀疑的化学家》,试图以化学的新观念取代传统的炼金术,可是缺乏临门一脚的突破。

直到18世纪的拉瓦锡(Antoine Lavoisier, 1743~1794),才真正领师挥别了炼金术的幻境,推翻"燃素论"与"四元素说",在实验室中树立了化学实质操作的意义,以"元素"纯物质作为物质的基本成分,直奔近代化学的康庄大道。

第6节 元素与原子组成物质的世界观

拉瓦锡在1789年出版的第一本近代化学教科书《化学原论》中,根据当代能重复实验之具体可靠的结果,整理出32个元素,但并非完全正确,譬如"卡路里"也被当成热质元素。

他确立的元素就是不能再由化学反应分解出新物质的纯物质,还依照贝采里乌斯(Jons Berzelius, 1779~1848)建议的英文元素符号，有系统地将化合物命名。化合物就是由两种或两种以上的元素结合成的纯物质。从此，要称一个东西为纯物质，就必须提出固定不变，且经得起检验的成分组成。这就打断了一群实验混混的后路！

燃烧，这个从古至今迷幻、眩惑、震慑、惊恐了无数人的神奇现象，长期陷于"燃素"的迷思中。英国的普里斯特利（Joseph Priestley, 1733~1804）发现了用聚焦的太阳光加热分解三仙丹（HgO）会产生一种新气体和具有金属色泽的汞，他认为这种不同于空气的新气体是"去燃素的空气"。在空气中燃烧汞，又会产生红色的三仙丹。这些反应似乎正符合贝歇尔的"燃素论"。

然而，拉瓦锡认识到这种新气体是一种新元素，并将其命名为"氧"（Oxygen）。氧才是造成燃烧反应的关键元素。他简洁明了地说明了快速放热的燃烧过程，就是可燃物质与氧气结合的剧烈化学反应。

根据实验，拉瓦锡分析归纳出物质的组成，得知将水电解可以分解出氢和氧两种元素；而空气主要含有氮和氧两种元素；火是物质与氧进行剧烈燃烧反应的现象；土是由各种各样的化合物及元素混合而成。这就彻底推翻了2000年来亚里士多德主张的世界是由气、水、火、土组成的"四元素说"。

此外，他还根据自己的实验数据，提出一切化学反应皆遵守质量守恒定律,即化学反应前后,反应物与生成物的总质量总是相同。

拉瓦锡凭着实验室中诚实精准的证据,抛弃了历时逾千年的炼金术、燃素论和四元素说,成为将化学整理在正确现代理论下的化学革命第一人。就像牛顿是系统地认识物理学的先知,拉瓦锡则是第一位以系统理论了解化学的先知!

自17世纪以来,化学家大多承袭了机械哲学的世界观。到了18世纪末,几乎所有有见识的化学家,都接受了拉瓦锡以元素为基本物质成分的化学原理。很不幸地,拉瓦锡后来被罗织对人民不法纳税的罪名,在1794年被送上了断头台。法国著名数学家和天文学家拉格朗日(Joseph Lagrange, 1736~1813)曾惋惜地说:"他们瞬间就砍下一颗头,却是再100年也生不出来的!"

拉瓦锡去世后未满10年,英国的教师道尔顿(John Dalton, 1766~1844)在1803年发表了"原子论"。他根据定比(Definite Proportion)和倍比(Multiple Proportion)实验,主张"相同的元素由相同的原子组成,不同的元素由不同的原子组成,化学反应是物质原子间的重新排列组合"。

我们身处的世界是原子组成的,这个划时代的洞见,完全跳脱了炼金术认为元素可以相互转换的错谬概念。科学界中的化学研究就此门扉大开,踏上了正途。不过直到20世纪初,世界是由原子组成的概念,才终于成为普世的科学知识。美国著名的物理学家费曼（Richard Philips Feynman, 1918~1988）曾说："人类如果只留下一句话来传递信息最丰富的科学知识，那就应该是'万物是由原子组成'。"

为什么近代科学家可以接受，以人类眼睛无法看见的原子作为科学和世界观的基础呢？新科学思维认为：真知识在于理性的心智对宏观与微观的现象创造可验证的观点，而不再依赖眼见的事物。眼见之物可能会欺骗我们的感官，就像魔术与幻术会蒙蔽我们的眼睛，反而未必全然真实。

物理是从万象中寻其一理，化学是从一理中究其万象。于是物理学与化学两门新的核心物质科学，携手启发了人类对物质世界的认知，在19世纪和20世纪又进一步结合了进化、遗传及生物学，从而建立了生命科学和现代医学，也催生了结合地质、气候、地理、海洋的地球科学、环境科学，这些新学科共同建构、缔造了自然界物质与生命的全新世界观。

第7节　科学时代，福焉？祸焉？

现代科学突破了昔日政治、宗教的诠释，撇弃了各种没有证据、各说各话的谬思玄想。太阳系知识的建立是基于力学模型，而不再依赖宗教信仰。"日心说"有了望远镜观星证据的支持，还有数学演算的证据。科学是一种特殊的思考方式，它打破了人类的直观感受，诉求严格运用理性，遵从数学逻辑的本质，力求可验证的方法、途径，并精准预测尚未发生的事件。

在科学萌芽初期，各种崇高的科学成就塑造了科学家的清流形象。而当国家开始设立大学和研究机构，大型企业成立研发单位，开始有制度地培养并且聘用科学人才，容许以科学研究作为谋生工具，科学家就成了一批拥有艰深知识的群体，科学工作也成为新时代的专门职业。

然而，或许是由于近代科学独尊理性、摒弃感性的思考特质，使其逐渐开始与人文分道。从科学革命到20世纪，科学发展出一种重理性轻感性、重验证轻直观、重逻辑推理轻感官经验、重事实论证轻凭空推论的特质，再加上20世纪学科的分途林立。今天的世界，人们缺乏科学、人文相融合的"整体世界观"（Wholistic Worldview），跨领域的素养也常嫌不足。

这些虽然未必完全是科学界单方的责任，但一些科学工作者汲汲于生产知识、发表论文，却忽略了有智慧的洞见，而这才是科学初心所寻求的目标。此外，一些科学社群也为自己打造象牙高塔，发展出独有的语文体系，与世隔绝，造成普罗大众几乎无法逾越的知识断崖和阻绝他人的高墙。此外，由于历史社会结构的男性中心文化，即使到了21世纪，女性科学家仍然在科学社群中属于少数，其成就经常为人所忽视。

除了科学界内部的问题，20世纪的科技大爆发结合了资本主义经济和利伯维尔场（古典自由主义），改善了民生，使得世界人口剧增。人类的物质生活固然大为改善，但人口爆炸、物质挂帅也导致了能源危机、环境危机、生态危机，以及病毒危机、粮食危机、世界大战、贫富不均、社会解构主义……许许多多的自然和文明的困境、难题也应势而生。

人类世的困境，是否也是地球上科学世界观演化的盲点？

第一章

科学家如何看宇宙时空

——科学家如何知道宇宙年龄为 138 亿年？

你是否听过奥地利的浪漫主义作曲家布鲁克纳（Anton Bruckner）的《第七号交响曲》？它如同天行者穿越过夜空，乐音寂寥却澎湃，托举着我们的心扉。天行者难免有着孤独的情怀，但是能历人所未历，遨游宇宙洪荒的心志既高且狂，令人不禁心生向往。

如果你也是个天文爱好者，可也曾想象过宇宙究竟有多大？又存在了多久呢？

第1节　我们处在宇宙的何处？

唐朝诗人李白心目中"永结无情游，相期邈云汉"的银河，如今不过是广大宇宙亿万星系（Galaxy）中的一个。然而到了20世纪，尽管人类已经知道自己身处于银河系，却仍然"身在庐山中"。要清楚地知道太阳系在银河系内的详细地址，并不是一件简单的事。

银河系

在银河系中，起码有数千亿颗本身会发光的恒星，太阳只是其中之一。银河系中除了恒星，还有恒星各自的行星，总质量大约是 5.8×10^{11} 个太阳质量。1个太阳质量就是天文学的标准量，大约为 1.9891×10^{30} 千克。

银河系的构造并不像是一条长长的河，而是一个圆盘，由4条主要的涡轮状大旋臂构成，其外围边界到中心的半径约为数十万光年，整个圆盘的厚度有数百到数千光年。银河系中心的直径约10000光年，在圆盘上下呈现鼓起状。最核心处是一个超大黑洞，估计有410万个太阳质量。

银河系

太阳系位于银河系边缘，在银河系第三旋臂一个名为"猎户座旋臂"的支臂上。猎户座旋臂大约3500光年宽，10000光年长。从地球上看银河，它就像一抹黯淡的拱形白晕。

大部分银河系质量所在的圆盘形银河平面跨越苍穹，整个平面在天顶上跨越了30个星座，银河系中心位于人马座，也就是射手座的位置。北面齐仙后座，南面临南十字座。太阳到银河系中心的距离约30000光年，地球公转轨道的黄道面，则与银河系的圆盘平面形成约62度夹角。

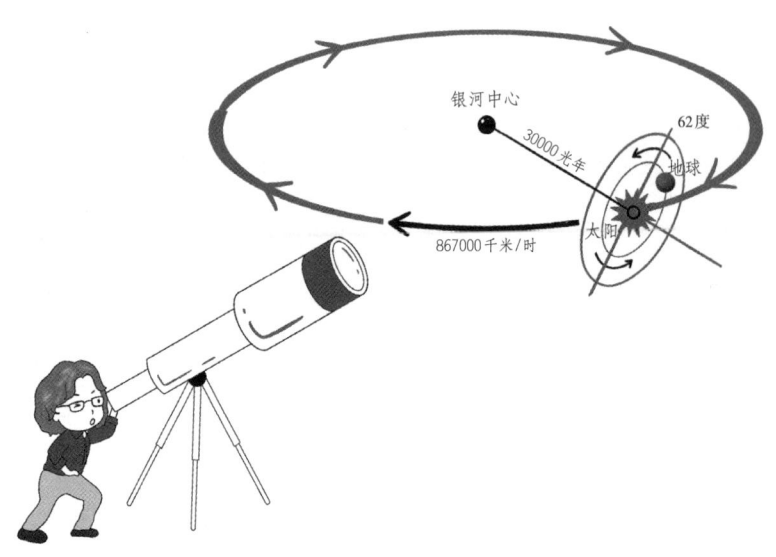

太阳系黄道面与银河系平面形成 62 度夹角
（绘图：Becky Chen）

因为银河系平面与地球赤道面和黄道面的夹角都是高度倾斜，所以拱形的银河在夜间不同的时间，以及每年的不同时期，会出现在地平线高低不同的两个位置。在地球的北纬65 度和南纬 65 度之间，每晚"银河"可以两次越过苍穹，在没有光污染的地方，天文爱好者可以很方便地观测这徘徊于天际的璀璨光华。

自从著名天文学家哈勃在 1912 年开创了星际的科学观测工作，河外星系天文学就成了炙手可热的研究领域。银河系之外，大约有逾千亿个星系。以"本星系群"为主，这组星系群包含大约超过 50 个星系，覆盖了一块直径大约 1000 万光年的区域。其质心位于银河系和仙女座星系之间的某处。其中有三大子群，就是银河系、仙女座星系、三角座星系，它们各自有属于自己的庞大行星、卫星系统。三角座星系是本星系群中的第三大星系子群，距离地球约 300 万光年，长久以来是肉眼可见的最遥远天体。其他星系成员的质量都远小于这三大子群。

最新的天文预测指出，在 37.5 亿年后，仙女座星系和银河系两大星系将难逃引力牵引而相撞的命运。这不会是唯一的一次碰撞，两个在时空中相互做物理震荡的天体在 51 亿年后又将回头撞在一起。到了那时，太阳系可能已经不存在了。

如果你有朋友从银河系外寄明信片给你，你应该请他寄到拉尼亚凯亚超星系团（Laniakea Supercluster），本星系群（Local group）银河系（Milky Way Galaxy），猎户座旋臂（Orion Arm）古尔德带（Gould Belt），太阳系（Solar system）地球（第三颗行星）。不过来信请早勿延宕！

第2节　宇宙的年龄有多大？

人类自古仰望星空，将"银河"当成宇宙的边际。一直到了20世纪，才终于知道我们正是身处"银河"之中，且银河系更是天外有天。

1990年，哈勃太空望远镜观测告诉我们宇宙的年龄有137亿年，而近年新的测量又告诉我们，宇宙的年龄是138亿年？这是如何得知的？这1亿年的差别又有什么意义？

大爆炸与膨胀中的宇宙

对于宇宙的诞生，科学家今天所提出最好的理论就是"大爆炸"。这个理论认为：我们的宇宙是在一次惊天爆炸之后快速地膨胀，经过了138亿年的时光，现在仍然在向四面八方加速膨胀。

如果将时光回溯，宇宙的诞生正是在一次所谓的"时空奇点"发生的震古烁今、开天辟地的大爆炸。时空奇点有极高的温度和密度，所以爆炸的那一刹那（以现在的物理学定律估计），从 10^{-36} 秒开始，并在 10^{-33}~10^{-32} 秒就像一个热气球般瞬间炸开。

大爆炸当然不像盘古开天地、女娲补天这类神话故事，而是经过观测与计算的科学理论。天文学家哈勃在1924年开始观测、探讨银河系外的星系，发现远方星系的红外线退移的频率，与地球探测的系外星系距离有着规律的正比关系。

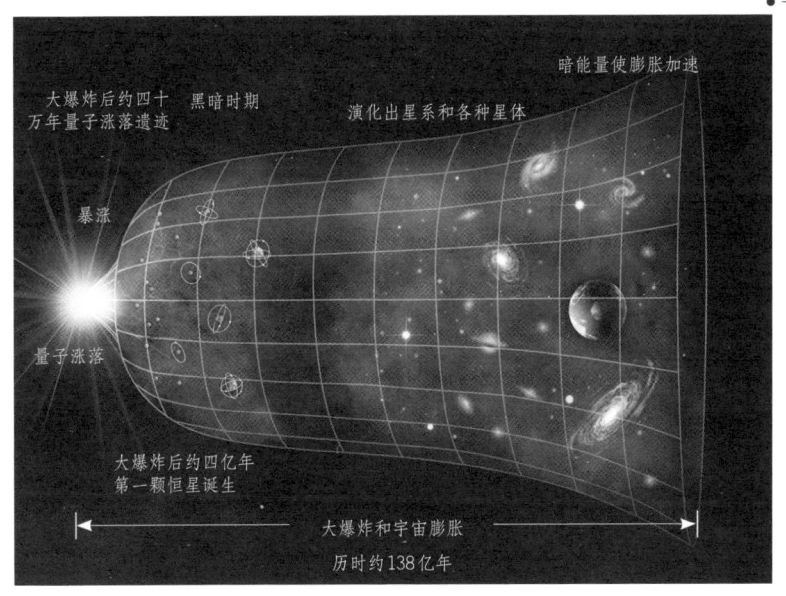

大爆炸和膨胀的宇宙模型

换言之，离我们愈远的星系，远离我们的速度愈快，这就是现在著名的"哈勃－勒梅特定律"。

这种现象好比是一辆快速行驶的救护车，当它离我们越来越远，呼啸的笛声会从尖锐转为越来越低沉，这就是多普勒效应（Doppler Effect）。不同的是，远处星系发出的是红外光波而不是声波。哈勃据以推论：我们的宇宙仍然在进行"永恒膨胀"。证实了在他之前，比利时的天文学家勒梅特（Georges Henri Joseph Edouard Lemaitre, 1894~1966）所提出的宇宙在膨胀的假设。

天文学家哈勃在宇宙学上的发现，是历史上最了不起的天文观测成就。他开启了"观测宇宙学"和"银河系外星系"的研究领域，成为观测天文学中的第一人。哈勃－勒梅特定律被认为是宇宙时空尺度在扩展的第一个观测依据。换句话说，就是宇宙永恒膨胀模型的第一个证据，今天更经常被援引为支持大爆炸理论的第一个关键证据。

哈勃太空望远镜如何测得宇宙的年龄是137亿年？

科学家当然无法回到过去观察宇宙大爆炸，但是却可以寻找到宇宙大爆炸留下的痕迹，从而进一步建立宇宙膨胀的模型。

1990年，NASA将哈勃太空望远镜发射到了太空。哈勃太空望远镜的光学望远镜有一个直径2.5米的双曲面反射镜，是当时世界上镜面最大、功能最多，而且能够停留在太空的望远镜。它的4个主要影像装备的测量范围，涵盖了紫外光、可见光、近红外光、红外光区。

哈勃太空望远镜被放置在地球外的低轨道上，因为那里远离对流层和平流层，没有大气干扰，对于探测深远外层空间影像的分辨率极佳，可以看到更远的星系，是地表任何光学望远镜所不能及的。甚至连宇宙边际的星系，也逃不过哈勃太空望远镜的法眼，它对了解宇宙的演化过程帮助极大。

哈勃太空望远镜最初的主要任务之一是测量室女座超星系团中造父变星（Cepheid Variable Star）的精确距离。造父变星是非常明亮的恒星，但是从地球观察，其亮度会有起伏变化。其变光的亮度和脉动周期有着很强的关联性，是建立银河和河外星系距离标尺的可靠"标准烛光"。因此就可获得较精准的哈勃－勒梅特定律中哈勃常数的数值。

在哈勃太空望远镜之前，较精准的哈勃常数测量也有 ±50% 的误差值，估计出来的宇宙年龄是100亿~200亿年。而哈勃太空望远镜消除了大气层的影响，从宇宙边际的星光估计得到的宇宙年龄是137亿年，将误差值降低到 ±10%。此外，哈勃太空望远镜也与地面的望远镜共同观察到宇宙还在"加速膨胀"，促成了"暗能量"理论的发展。

哈勃太空望远镜在刚进入太空时，主镜发生位置不当的故障，科学家在1993年特地派了一艘航天飞机去将主镜调整对位。此外，哈勃太空望远镜共接受过5次维修、设备升级或仪器替换的"手术任务"。哈勃太空望远镜预计还可以继续服务到2030~2040年。

欧洲航天局（ESA）和 NASA 共享计划中的红外线詹姆斯·韦伯太空望远镜（James Webb Space Telescope, JWST）将要接手哈勃太空望远镜的太空任务。韦伯太空望远镜拥有一个直径6.5米，分割成18面镜片的主镜，于2021年的圣诞节升空，被放置在太阳与地球的第二拉格朗日点。

微波背景辐射测得宇宙的年龄是 138 亿年

根据大爆炸理论，物理学家进一步推测：宇宙可能曾经处于一个密度和温度都极高的状态。怎么证明呢？根据黑体辐射（Black-body Radiation）的模型，在一个封闭的腔体中有热源，腔体内就会有对应的电磁辐射分布。因此在大爆炸冷却后，也可能有残留的"背景辐射"。

贝尔电话实验室的彭齐亚斯（Arno Penzias, 1933~）和威尔逊（Robert Wilson, 1936~）从 20 世纪 40 年代开始，就用射电望远镜寻找恒星和星系之间是否有大爆炸残留的遗迹。1964 年，他们意外地以为早期通信卫星设计的天线，收到来自天空均匀且不随时间变化的信号，因而找到了"宇宙微波背景"。这是一种充满整个宇宙的电磁辐射，其能量特征和开氏温标 2.725 K 的黑体辐射相当，代表宇宙微波辐射确实是一个几近完美的黑体辐射。根据计算，这个热度大约是在宇宙诞生 38 万年后，被刻在宇宙星空的"布幔"上。

根据普朗克定律，电磁波谱在一个波长的范围中呈现一个分布状态，而微波光谱的最大强度正落在微波区域。"宇宙微波背景"就是大爆炸之后残余的辐射热正好在微波范围，是大爆炸理论又一个最佳的证据。1978 年，彭齐亚斯和威尔逊因此共同获得诺贝尔物理学奖。

2001 年，NASA 的戈达德太空飞行中心和普林斯顿大学合作，在美国著名的观测天文物理学家班尼特教授（Charles L.

Bennett, 1956~）领军下发射了一枚"微波各向异性探测器"（Microwave Anisotropy Probe, 简称 MAP），目的就是侦测宇宙微波背景的温度差。

2003 年，为纪念·威金森（David Wilkinson, 1935~2002），将 MAP 更名为 WMAP。威金森是 WMAP 计划的前身"宇宙背景探测计划"（COBE）的主要贡献者。WMAP 在 2001~2010 年间，进行了 10 年的宇宙微波背景测量工作。

2009 年，ESA 发射了普朗克宇宙飞船，以接替 WMAP 的任务。截至 2015 年，通过获得的数据及各种繁复的计算，最终计算出宇宙的年龄为 137.99 ± 0.21 亿年，这次实验的误差范围只有约 2100 万年，误差率大幅降低到 ±0.15%，这就是宇宙年龄为 138 亿年的由来。

简言之，有了宇宙大爆炸理论后，观察到宇宙的膨胀是第一个证据。哈勃－勒梅特定律靠着哈勃太空望远镜的观察，获知了宇宙年龄为 137 亿年，误差率为 ±10%。宇宙微波背景是大爆炸的另一个证据。WMAP 及普朗克宇宙飞船的观察提供了 138 亿年的新数据，误差率大幅下降到仅有 ±0.15%。科学的前进是根据一步步的理论、观察、新工具发明，并不断形成测量的新方法，获得更新、更准确的数据。整个过程是一步一个脚印，毫不取巧。

现今人类认识的宇宙

宇宙的主要组成成分，科学家目前还不完全清楚。在著名的爱因斯坦质能等价的基础下，用现在的宇宙学知识来描述，宇宙中有72%是暗能量（Dark Energy）、23%是暗物质（Dark Matter），这两种东西之所以使用"暗"字，就表示它们是尚未被详知的范畴。此外只有4.9%是地球上了解的物质，譬如氢元素，约占75%；氦元素占了23%；氧元素约有1%；碳元素约有0.5%。

2020年7月，斯隆数字巡天（Sloan Digital Sky Survey, SDSS）计划发表了一张自2000年起以20年的时间建构出有史以来规模最大、最完整、多色彩显像的三度空间宇宙图。这个计划以新墨西哥州的斯隆基金会望远镜为基础，包含了特殊的振动光谱搜寻装置（extended Baryon Oscillation Spectroscopic Survey, eBOSS），观测对象涵盖了数以百万计的星系，测量了大量星系的红位移，其中溯及一些宇宙最早的年代，包括了上百亿光年的宇宙膨胀历史，并发现不同区域的膨胀速率不尽相同。

这张宇宙图将为暗物质与暗能量的进一步研究，提供新的里程碑，令人期待。

第3节　从天文学到宇宙学

21世纪的"宇宙学"绝对是最受人关注的新兴科学领域之一，不仅小说中的外星人、宇宙奇航、星球大战层出不穷,热门的科学研究,如黑洞或火星探险等,都能成为好莱坞电影的脚本,甚至连希格斯玻色子(Higgs Boson)、引力波(Gravitational Wave)这类艰涩物理概念,你都可能在新闻报道的头版头条上看到。这些科学课题不只受到学术界瞩目,也是连一般民众都会感到好奇有趣,激发想象的学问。

从人类第一次仰望星空,到今日对宇宙的探索,其实走过一趟漫长的旅程。

上古天文学的起源

宇宙学源自天文学和理论物理学。天文学起源甚早,古巴比伦人就有观测星空的行为,历史上除了美索不达米亚文明,几乎所有的古文明,包含古埃及、古波斯、中国、古印度、古中美洲等文明中都有观星记录。这些民族各自发展出了自己的历法和宇宙观,这是最早的观星成就。

肉眼观测是早期天文学唯一的方法,先是追踪太阳、月亮相对于地球的运动,后来也发展出对于行星运动的观测。

古希腊人接续古巴比伦人的天文研究,能够认识月蚀,他们曾经估算日月的大小和距离,并提出"日心论"。

亚里士多德的物理学和宇宙观虽然已经知道大地是一个球体,但是普遍认为地球是宇宙的中心。无限宇宙的空间没有边界,星辰、太阳、月亮和行星都是正球体,并且是永恒的存在。所有天上的星辰，都是沿着正圆形的轨道绕着地球在运行。亚里士多德的理论影响欧洲文明长达2000年，直到中世纪的科学革命时期，才有新的世界观出现。

在"地心说"的时代，第一个能够从数学的角度详细描述天文现象的就是第二世纪的托勒密（Claudius Ptolemy，90~168）。他是住在亚历山大的希腊数学家，也是天文学家、占星家和地理学家。

亚历山大人文荟萃，是当时世界的文化中心。大约在公元2世纪中叶，托勒密完成了《至大论》，这部巨著包含了13册书，他用数学非常仔细地描述了"地心说"关于太阳、月亮及行星的天文现象和运动轨迹。

《至大论》中最有名的学说，就是使用了均轮（Deferent）和本轮（Epicycle）的概念。均轮是大圆周，本轮是在均轮上运动的小圆周。行星除了会绕着地心公转，还会绕着公转的椭圆形轨道运转。虽然复杂，却可以用数学解释行星的逆行，也就是行星绕行轨迹逆向而行的现象。

中世纪的天文学则以天文观测最为蓬勃，1006年爆发的超新星SN1006是历史记载中视星等最高的天体，东西方的天文观测都有详细的记载。

从哥白尼到伽利略

到了欧洲文艺复兴的时代，1543年，哥白尼在临终前发表了《天体运行论》,主张"地动说",认为太阳才是宇宙的中心。1609年,开普勒用拉丁文发表了《新天文学》,其中包含了对火星10年研究的记录,是历史上极为重要的天文书之一。尤其是关于行星运动定律的数学,由于开普勒是站在天文学家第谷(Tycho Brahe, 1546~1601)无人能出其右的精准观星记录上做研究,他得以史上第一次跳脱托勒密"地心说"的概念,以数学分析法提供了行星简单的椭圆形绕日的运动轨迹,而不再需要均轮和本轮的复杂设计。

伽利略利用望远镜观察月亮时,发现月球就像地球一般,有高山、有坑洞。当时的人都认为月球是光滑的正球体,但伽利略的观测表明并非如此。因此,他对柏拉图和亚里士多德认为"天体都是完美球体"的说法产生了怀疑。

1610年,伽利略观察到环绕木星运行的4颗卫星,进而发现"星星只环绕地球旋转"的理论并不正确,就大胆地一脚把亚里士多德的"地心说"踢入冷宫。虽然教廷全力反对"日心说",但是科学革命之火已经形成燎原之势,无法回头了。

伽利略是天文学家也是物理学家,他先是对亚里士多德诸多物理概念,尤其是运动力学的谬误提出了批驳纠正。1632年,他出版了《关于(托勒密和哥白尼)两大世界体系的对话》,结果却受到教廷的排斥与审判,遭判为异端:书籍被查封，人被软禁，而且不准他再出著作。

伽利略因其在物理学上的贡献，被后人誉为"现代物理学之父""科学方法之父"。爱因斯坦称伽利略为"近代科学之父"。霍金则说："自然科学的诞生要归功于伽利略。"

在伽利略受审判300年后的1979年，梵蒂冈教廷终于洗刷了他的冤屈，这场科学与宗教之间的战争终于落幕。

牛顿的宇宙学

开普勒数学定律背后的物理原理，是由牛顿解决的。牛顿结合了数学和物理，不仅用数学证明了物理理论，也用物理原理导出数学定律，树立了物理学内在与外显的本质。科学革命使得天文学有了物理的基础，与星象学分道扬镳，把星象学打入伪科学。

牛顿被誉为"近代科学第一人"。他的《自然哲学的数学原理》除了被视为物理学中重要的著作，也是天文物理的第一块醒目的基石，更可说是宇宙学的滥觞。

自从牛顿发现了三棱镜的分光现象，到19世纪光谱学发展，近代天文学家能够借着无远弗届的电磁波，准确地测量遥远恒星和星系的成分。20世纪，观测天文学的工具愈发精进，涵盖了无线电、红外线、可见光、紫外线、X线及伽马射线等。天文学有了望远镜和光谱仪等重要科学工具，并在数学和物理学的加持下，促使18世纪以后的天文学家如雨后春笋，人才辈出。

爱因斯坦的世界观

爱因斯坦（Albert Einstein, 1879~1955）是与生俱来的明星物理学家。他在没有学术机构支持的环境中，在瑞士伯尔尼专利局的工作之余，于1917年发表了《广义相对论的宇宙学考虑》的论文。时空四度空间坐标的数学与时空弯曲的力学理论，不仅改变了牛顿力学，也为宇宙学提供了新的理论基础。

在人们看来，爱因斯坦简直是一个来自未来的人！他提出的理论包括时空弯曲、光速恒定、光子和量子、光行进可受引力而弯曲、质能等价互变、宇宙常数以及引力波等。许多概念在发表时，仍然是未获得实验证实的假说，当时世界上能读懂他论文的人更是寥寥无几，但是其影响之深远，已经在牛顿之后又掀起了新的物理变革。

爱因斯坦的早期理论也提供了宇宙膨胀模型的可能性，但是他自己仍相信有一个稳定恒常的宇宙。1923年，天文学家哈勃观测仙女座星系的超新星，发现远处的星系是在远离我们，而获得了宇宙膨胀的证据。爱因斯坦也据此结果修正了他的方程式和宇宙常数。据说爱因斯坦认为，早期为了获得稳定宇宙模型，擅自修改自己的宇宙常数，是他一生中犯过最后悔的错误。

或许也是一种巧合，20世纪20年代，几位物理学家如薛定谔（Erwin Schrodinger, 1887~1961）、海森堡（Werner Heisenberg, 1901~1976）、狄拉克（Paul Dirac, 1902~1984）及玻尔（Niels Bohr, 1885~1962）等不约而同地发展出20世纪最重要的物理学——量子力学。

早先普朗克在研究黑体辐射时，于1900年提出了能量的量子化，就是能量（ΔE）与电磁辐射的频率（v）成正比的关系（比例常数被称为普朗克常数）。爱因斯坦继承了这种想法，于1905年提出了光电效应（Photoelectric Effect）。他将电磁波打到金属靶上，并用实验测得金属靶所释出电子的动能与电磁能量的关系。爱因斯坦因此获得了1921年的诺贝尔物理学奖。

同时在光波模型之外，他主张的光有"光子"的性质也逐渐被世人接受。于是，波动－粒子二元的量子力学模型带动了理论物理基本粒子研究的起飞。而基本粒子的行为，正是宇宙最初爆炸前与爆炸发生时的范畴。

爱因斯坦虽未涉足量子力学，却对近代的宇宙学提供了莫大的启发与先见！

宇宙学最新发展

粒子碰撞实验的发展日趋成熟。1954年，欧洲核子中心

（CERN）成立；1962年，斯坦福直线加速器中心（SLAC）成立。这些发展都对次原子基本粒子的行为提供了实验证据，尤其是对宇宙大爆炸初期的了解作出许多贡献。二战后，有超过30个诺贝尔物理学奖落在这些领域。宇宙学也因而异军突起、大放异彩。

天文物理和宇宙学在21世纪绝对是显学，光是获得诺贝尔物理学奖就包括了：

- 2002年，探测宇宙微中子和发现宇宙X射线源。
- 2006年，宇宙微波背景辐射的黑体形成和各向异性。
- 2011年，发现宇宙加速膨胀。
- 2017年，在LIGO探测器和引力波观测方面的决定性贡献。
- 2019年，宇宙学相关研究和首次发现太阳系外行星。
- 2020年，宇宙中最奇特的现象——黑洞。

这些诺贝尔物理学奖得奖人共有16位。而宇宙学大师霍金（Stephen Hawking, 1942~2018）虽与诺贝尔奖擦肩而过，却是宇宙学界最知名的学者与最出色的黑洞理论家。霍金对黑洞和外星人的看法都超乎常人，例如他认为寻找外星人是很笨的计划，人类会因好奇害死自己，他也不倾向接受单一宇宙的论述，认为永恒膨胀不是不变的真理。他甚至提出"多元宇宙"（Multiverse）的新理论，将无限膨胀设定在时间开始的临界点上——宇宙零时,那才是一切时空的边际!

对儿童而言,黑洞就像恐龙一般吸引人,可以引发无限的想象。许多广受欢迎的好莱坞电影如《星球大战》《星际迷航》,甚至《X战警前传:金刚狼》与漫威英雄系列,都可以看到宇宙学的影子,引起科学界的回响,一度促成科学家与影迷观众破天荒的对话。

宇宙学打破了物理学深藏于象牙塔的印象。宇宙除了时空边际遥不可及,在人们心灵中幻想遐思的创意也得到无限延伸。

短暂的人类世,面对138亿年的宇宙,其意义显然不在于时间长短的比较。地球上的生命何其有幸能够认识如此广袤的时空,我们又该以什么样的生活态度,去响应浩瀚宇宙的永恒与永续?

第4节 省思:何谓伪科学?

虽然在今日的大多数地方,已经没有往昔政教威权的介入压迫,但从某方面来说,科学在传播给大众时面对的困难,并没有结束。主要原因是:科学的理论发展,往往不是一战功成,需要渐次探索,而这就给了伪科学许多搅扰的空间。

"伪科学"与"信仰"或"科学"之间,究竟有什么差别?大体而言,科学是理性在前,信心在后;信仰则是信心在前,悟性在后。然而两者都遵循诚实的游戏规则。伪科学则是经常有利益的渗入。

科学遵守的准则，是将任何新发现都视为新证据，随着新证据的出现，就必须作理论的修正。科学允许同侪的严格检视，也欢迎批判。所有的科学结果都必须经得起检验，所有的测量都必须尽可能地准确，也绝不虚夸科学自身的用途。

伪科学刚好相反，观念僵化固定；拒绝同侪的检视，把批评看成是找碴作对。没有可以重复验证的结果，草率量测，好处却说得天花乱坠。更糟糕的是，为了名利经常任意进行不严谨的发表，博人视听，讹人钱财。

举例而言，宇宙学的发展已经日新月异，但是今天世界上利用星座与命运、命理敛财的人仍然比比皆是。这些人轻视科学，依靠市场利益果腹，欺世盗名，愚弄世人。科学谨守自己的分际，不踰界线一步。伪科学却肆意利用灰色地带，大弄玄虚。

也有许多伪科学的题材沦为一些人操弄政策的理由，尤其是滥用统计数字或是无根据的逻辑推论，利用非科学的理由制造出谎言，无非是为了私人利益或虚名。

今天的科学虽然未必完全代表真理，但是必须可以理解，且经得起检验。科学鼓励想象与创意，但是仍然服膺证据与逻辑推理。科学向往自由、抗拒威权，但仍尊重社会的共识价值，并持守人类基本的伦理道德。

在学习科学的过程中，若只是记住一些科学发现的事实，一味地跟随"标准答案"，而不能发展出理性的慎思明辨，培养发挥科学方法、科学态度、科学精神的核心价值，科学学习就不能算是成功的。爱因斯坦曾说："想象力比知识更重要！"，这也是我们的科学教育应该严正反省之处。

在这个传播快速的时代，大众很容易轻易屈从、相信伪科学的说法，作为新时代的人，我们有义务分辨伪科学的障眼烟雾，厘清真相。

第二章

从太阳系探索到太空旅行

——人类探索太空的目标为何？

夏夜清凉如水,天上的星星多如繁萤,在云隙中闪闪熠熠。时过午夜,从望远镜望向南方的天空,在镜头里可以清晰地看见银河和如满月的木星,以及木星周围的4颗明亮卫星,令人想起英国作曲家霍尔斯特(Gustav Theodore Holst)的《行星组曲》。科学与艺术交织歌颂木星显现的真理与雄伟,犹如理性意识与感性心灵的共鸣。

第1节　人类如何认识太阳系?

太阳系在历史上很早就有观星的记载,由于行星有逆行的现象,崇尚"地心说"的古希腊人就称其为"Planetes",就是"漂泊之星"(Wanderers)的意思。

早期对太阳系的观察,许多与星象学有关。星象学将金、木、水、火、土星加上日、月共七星,星辰的位置与一些金属,如金、银、铜、铁、锌、铅、汞对应。后来,星象学又与炼金术理论结合,增加了许多穿凿附会的想法,其迷思与迷信如此持续了2000年之久。

从"地心说"到"日心说",人类对太阳系的理解迈了一大步,今天的科学家对太阳系已经并非一无所知。不过,太阳系的实际形成过程,目前仍是尚未完全解开的谜。

第2节　太阳系的形成与前世今生

和其他恒星系比较，太阳系的中心是一颗不算太大的恒星，也就是被世代的人们颂赞、顶礼膜拜的太阳。

恒星是怎么出现的？宇宙大爆炸之后，宇宙中生成的主要元素是氢与氦。气云因引力吸引坍缩引发氢融合反应，就可能形成恒星。

一个形成星系的恒星，生命可能不只一世。最先的恒星中心由高温核融合反应形成较重的元素。巨恒星老化时就转变成红巨星，快速进行核燃烧。产生新的元素，死亡时发生爆炸就是超新星（Supernova），会将新元素散布至四周。小的恒星死亡时，则坍缩冷却成白矮星，那时候太阳将变大，最接近的绕日行星将变成火星，还有4颗外行星。届时，地球可能难逃被吞噬的命运。

历史上记载的恒星爆炸与超新星诞生，可以追溯到公元1054年所观察到的巨蟹星云，它应该就是一颗红巨星爆炸引发生成的超新星。超新星带有各种重元素，有机会形成新世代的恒星，也就可能形成行星，组成新的恒星系。太阳系应该是有超新星的前世！但太阳系的行星是如何形成的，仍然有待进一步研究。以下简介一些重要的理论。

行星形成的星云假说

第一次有人用"太阳系"（Solar System）一词，是在

1704年。而在1734年，史威登堡（Emanuel Swedenborg, 1688~1772）发表了第一个"星云假说"，这是最早提出的试图解释太阳系形成的理论。

德国的理性哲学家康德（Immanuel Kant, 1724~1804）是启蒙运动的核心思想人物，著有《自然通史和天体论》《纯粹理性批判》《实践理性批判》。他在1755年发表的著作中，对星云理论做了进一步扩展。法国的拉普拉斯（Pierre Simon marquis de Laplace, 1749~1827）则是独自在1796年提出了他的"星云假说"，试图解释行星起源。他是国际知名的数学家，对天体力学和数学有极大的贡献，著有《宇宙体系论》。

这些早期的星云假说（Nebular Hypothesis）假设：行星是从一个缓慢旋转的太阳云气中凝结出来的，但是因为太阳缺少角动量，行星占了99%的角动量。这种差异极为悬殊的角动量分布，导致遵信古典力学的天文学家普遍都不接受星云假说，发明电磁学的麦克斯韦（James Clerk Maxwell, 1831~1879）还对此假说做了严厉的批评，认为如此旋转的云气很难凝结出固体的行星。

原行星盘云理论的发展

一度被视为不值一哂的星云假说，到了近代却成为浴火凤凰，得以重生。关键因素在于新的太阳系星云盘模型

（Solar Nebular Disk Model, SNDM）的出现。

这个模型描述：太阳周围的气体和灰尘会形成一个环绕太阳自转的旋流吸积盘（Accretion Disk），约在45亿年前经过了"吸积"的过程。这是天体通过引力的"吸引"和"积累"周围物质的过程，其中心的引力会不断地将物质拉进去，而从云气演化成岩质行星。

当太阳系的核心大到一定的程度，氢原子就开始融合成氦原子，释放的巨大能量会积聚足够的物质形成太阳。其余的部分就成为扁平的"原行星吸积盘"（Protoplanetary Accretion Disk），距离较远的自转圆盘物质也会积聚成团、彼此撞击，形成更大的物体。有些物体大到相当的程度后，引力会将其形塑成球，依其质量大小分别形成行星、矮行星或是卫星。其他的小天体则留在小行星带中，比较小的就是陨石、彗星、流星等的圆形盘。

太阳系的初期，能耐热的岩石距离太阳中心较近，形成内圈的岩质行星；而冰、水、气体可能离中心较远，形成了气态行星及其卫星。

太阳系的星云盘模型，是苏联天文学家萨夫罗诺夫（Viktor SergeevichSafronov, 1917~1999）在他1969年出版的《原行星盘云的演化及地球和行星的形成》中提出的概念。他先解决了许多科学家困惑的问题，最重要的是提出了一群微行星会积聚成大的原行星盘云体（Protoplanetary Disc Cloud）。

原行星盘主要来自氢分子的分子云，当质量或密度达到临界值时，就会坍缩形成太阳星云，再演化发展出岩质行星。

1972年，萨夫罗诺夫的著作被翻译成英文，使他的理论影响更为普及深远。美国的理论天文学家威舍理尔（George Wetherill, 1925~2006）受到萨夫罗诺夫的启发，针对云团的演化和微行星群的吸积（Accretion）过程做了理论计算，结果对行星的云团获得了一些符合预测的性质。他的计算结果显示，微行星群的吸积作用的确可以形成岩质行星。他的结论后来被证明与其他天文学家观测的结果十分相符。

威舍理尔的计算方法也被用在估计行星大气中的同位素丰度上，发现这个方法对寻找系外行星也很有效。现在，太阳系星云盘模型不仅使用在太阳系行星形成的研究，也被用于在宇宙中发现系外行星。但无论如何，即使真是经过原行星盘而形成岩质行星，要达到宜居的条件，还是极为难得的。

我们观察其他恒星系，不仅可以帮助我们认识行星的源头和过去，也让我们瞥见自己的未来。太阳还有约50亿~60亿年的寿命。当然，前章所述的仙女星系和银河系若真的相撞，太阳系将可能更早面临毁灭。

姑且先不担心，从长远时间的角度看来，自然将注定无法超越遭焚烧毁灭的命运。即便是在不远的未来，从地球文明发展的角度来看，人类究竟能否与自然永续并存，也尚属未知之天。

从陨石认识太阳系

前面提过，太阳系中最引人入胜的问题，就是行星究竟如何形成？除了从理论上去了解，还可以从合适对象的组成上去探究。

要想了解太阳系形成的过程，找到和太阳系一样久远的物质是最佳的途径。在太阳系内，球粒陨石（Chondrite）是最古老的固态材料之一，它们与太阳系同时期形成，专家普遍认为它们就是形成岩质行星的建筑基块。

在坠落地球的陨石中，球粒陨石是最主要的类型，根据统计，有85.7%~86.2%都属于球粒陨石。不同于另一种"铁陨石"，这些球粒陨石的母体可能是未经过熔融或行星分化，而且未经过质变的材料。尤其是其中有一种碳质球粒陨石（Carbonaceous Chondrite）只占坠落陨石的4.6%。分析其中的元素丰度，会发现它与太阳大气成分的元素丰度非常相似。少部分陨石中仍然含有机物质和水，表示它们未曾经过高温的环境。

因为只有约十分之一的小行星具有碳质球粒陨石，而大部分的彗星却都含有此成分。科学家在墨西哥的希克苏鲁伯陨石坑中找到大量的碳质球粒陨石，从而推论：造成第五次生物大灭绝及恐龙消失的原因，极可能与一颗足够大的彗星撞上地球而导致"冲击性寒冬"的事件，有着直接的关系。

从物质的成分来看，行星明显源于恒星，但是行星形成的过程仍有太多不清楚的地方，主要原因是我们尚无法直接观察到正在形成过程中的行星。有几种碳质球粒陨石含有高比例的水和有机物，包括氨基酸。研究球粒陨石，或许可以了解太阳系的起源、形成及年龄，还有有机物质的合成过程，甚至如生命的起源、水的存在和分布等问题。

陨石球粒（Chondrule）是在球粒陨石中发现的极微小的球形小颗粒。陨石球粒可能是熔融或部分熔融的物质掉落在太空中被其母体小行星在经由吸积作用之前所形成的。不过也有人认为，球粒陨石和陨石球粒是在受热的条件下同时形成的。

针对陨石球粒的化学分析，可以帮助我们进一步了解小行星及石质行星的形成过程。通过对陨石球粒的分析显示，其主要成分含有氧、硅、镁、铁等元素，与小行星及石质行星的地壳成分十分相近。太阳系与行星的形成过程必然经历了高温，当它们冷却时，太阳系中的多种元素，就提供了化合物生成的契机。

地质学利用放射性元素（Radioactive Element）衰变的半衰期计算时间的方法，也可以用在估算宇宙及太阳系的年龄。太阳中元素的相对存量丰度与宇宙中的成分颇为相似，将陨石中长半衰期的放射性元素的含量与红巨星中的含量相比，相当于是将太阳系中现有的元素量与形成初始的元素量拿来比较，如此借着半衰期的计算，可得出宇宙的年龄约为140

亿年，与现实探测所得颇为相符。

同样地，将陨石球粒中长半衰期放射性元素及其衰变后的子元素含量相比，则可以估计太阳系的年龄大约为46亿年。地质学的技术可以作为天文测量的参考，表示天上与地下的物理和化学有一贯的运作准则。

如何估算行星的质量？

太阳系的8颗行星中，距离太阳由近及远的内行星是水星（Mercury）、金星（Venus）、地球（Earth）、火星（Mars），它们都是岩质行星。属于外行星的木星（Jupiter）、土星（Saturn）、天王星（Uranus）、海王星（Neptune）都是气态行星。这种分布似乎显示太阳系在形成初期有气态、固态分离的现象。

比较太阳系行星的半径和体积，4颗气态行星明显比4颗岩质行星大很多。最大的木星体积大约是最小的水星的25500倍。如果比质量，则会发现最大的木星只有最小的水星的5700倍。

但是若比密度，岩质行星的密度就要比气态行星大不少。譬如地球密度大约是木星的4.2倍，是土星的8倍。

小行星带的质量总合比水星还小很多，其中谷神星贡献了其中三分之一的质量。

计算行星及其他天体的质量，是天文物理中必要的功课。

行星	半径	体积	质量	密度
	(10^6 米)	(10^{20} 立方米)	(10^{24} 千克)	(10^3 千克/立方米)
水星	2.44	0.61	0.33	5.42
金星	6.05	9.30	4.90	5.25
地球	6.38	10.90	6.00	5.52
火星	3.40	1.60	0.64	3.94
木星	71.90	15,560	1,900	1.31
土星	60.20	9,130	570	0.69
天王星	25.40	690	88	1.31
海王星	24.75	635	103	1.67

行星的性质（绘图：Becky Chen）

行星与其卫星的相互运动的周期与行星的质量有关，换言之，由卫星绕行星公转的周期，就可以推算出行星的质量。地球是太阳系的第三颗行星，大约距离太阳15000万千米，质量大约是 5.972×10^{24} 千克。地球的两个邻居：内圈的金星距太阳0.7个天文单位，0.815个地球质量；外圈的火星距太阳1.5个天文单位，0.107个地球质量。

关于测量地球质量的历史，最早可追溯到研究地震的英国牧师米歇尔（John Michell, 1724~1793），他发明了一个扭秤装置（Torsion Balance），并借助地球的万有引力来测量地球质量,可惜没有成功。他的装置后来转了手,最后由英国发现氢气的化学家,也是物理学家的卡文迪许(Henry Cavendish, 1731~1810)取得。

卡文迪许是个性格古怪的人,但拥有过人的实验能力和科学热忱,他操作实验的精密度在当时首屈一指,无人能出其右!他修复了扭秤,并于1797~1798年仔细地执行了米歇尔的实验,后来被称为"卡文迪许实验"。他的实验得出了地球的密度是水的 5.448 ± 0.033 倍,还进一步计算出万有引力常数,以国际单位制表示为 $G = 6.74 \times 10^{-11} m^3 kg^{-1} s^{-2}$。

水星和金星没有卫星,必须利用较复杂的计算,通过周围行星引力对轨道扰动的影响来估算行星质量,这些天文数据都可以靠牛顿力学计算出来。

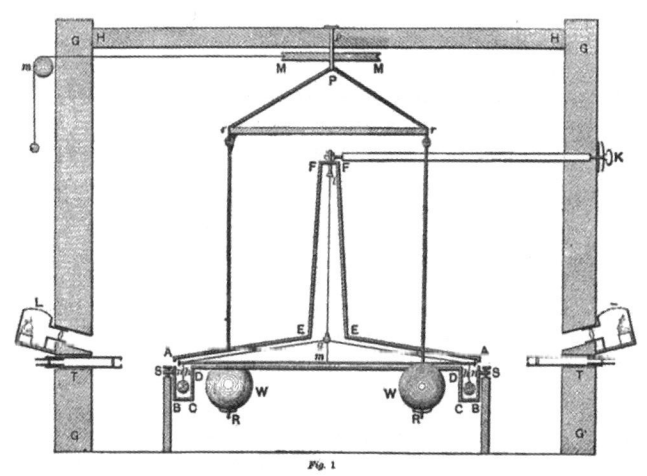

卡文迪许实验中的扭秤装置

利用这些方法，人类在 20 世纪末终于第一次发现了银河系中太阳系以外的"系外行星"（Exoplanet）。21 世纪，系外行星的发现如雨后春笋，目前已知有 4000 多颗，在宜居系外行星方面也有新的发现。

第 3 节　太阳系的组成

今天科学家眼中的太阳系，除了木星以外，其他行星与太阳的质量中心（Mass Center）都几乎落在太阳质心的附近。八大行星几乎布陈在同一平面、接近圆形的椭圆轨道上。而且此平面也刚好是太阳的赤道面，以同方向绕着太阳公转。

太阳系的架构显示：它可能是从一个以太阳为中心的圆盘演化而成的。八大行星共有 165 颗已知的卫星，另外还有 5 颗矮行星，分别是谷神星（Ceres）、冥王星（Pluto），以及 2005 年发现的鸟神星（Makemake）、阋神星（Eris）和妊神星（Haumea）。矮行星也可以有卫星。此外还有数十亿个其他的天体，如陨石、彗星、流星、行星际尘云。

火星与木星之间有小行星带（Asteroid Belt）。位于海王星轨道之外的柯伊伯带（Kuiper Belt），包含小天体或太阳系形成时的遗迹，是距离太阳 50~500AU（AU 是天文单位的简写，50 AU 就是地球到太阳距离的 50 倍）的一个环带。柯伊伯带的天体布陈接近黄道面（行星的公转面），范围比小行星带大很多,有20倍宽,质量则为小行星带的20~200倍。

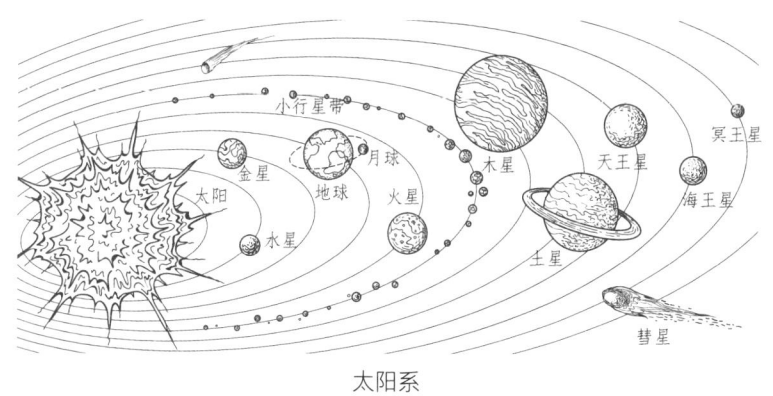

太阳系

第4节 近距离探测太阳系天体

人类真正认清行星环绕着太阳运转,是在科学革命之后。而科学家认识八大行星的历史过程,也是峰回路转。

前面提过,伽利略在1610年用望远镜发现了木星有4颗卫星,进而领悟到天上竟然有星体环绕着地球以外的星星运行,这完全违背了当时认为天上一切星辰只能环绕地球运转的普世信仰。伽利略认为"地心说"不再是真理。只是碍于教廷的立场,不便公然明说。而与伽利略同期的马里乌斯(Simon Marius, 1573~1625)也独立发现了木星的4颗卫星。

同年,伽利略又用望远镜观察了火星、金星和土星,和它们掠过太阳前方时发生掩星"相位"(Phase)的运行轨迹。

对位于地球的观测者而言，相位是"太阳—其他天体—地球"之间的夹角。定期的掩日过程，证明了这些行星都是在绕日而行。伽利略也观察了水星，可惜他未能看到水星的掩星相位。

以伽利略用望远镜提供的观星证据为基础，哥白尼的"日心说"终于将"地心说"取代。而开普勒的计算数据，则简明地描述了地球也是以近圆的椭圆轨道绕着太阳运行的"行星"。从此，地球不再被科学家认为是宇宙的中心。

第7颗行星是天王星，可以用裸眼观测，但是因为它的亮度黯淡，绕行速度又十分缓慢，在古代未被发现。直到天文学家赫歇尔（Frederick William Herschel, 1738~1822）在1774年造了一台大望远镜，并于1781年首次用这台望远镜发现了天王星。

太阳系的最后一颗行星是海王星，其发现的过程也最具戏剧性。它是由天文学家利用天王星的轨道摄动进行数学计算预测出来的，是不以有计划的传统观测法所发现的唯一一颗行星。其实，伽利略曾在1612年的观测中提到过海王星，可惜他并没有继续研究，最终与其失之交臂。

1846年，法国的天文学教师勒威耶（Urbain Jean Joseph Le Verrier, 1811~1877）想用数学方法计算出天王星对海王星的"开普勒–牛顿轨道"造成的扰动误差，却得不到支持。最终，他凭着自己的天文热忱，独立完成了对海王星位置的推算。在他预测了海王星的轨迹的几个月后，就有人观测到海王星，发现海王星的轨道与勒威耶的预测相差不到1度！

科学家对于使用望远镜远距离观测行星并不满足。20世纪的二战后，火箭和遥感技术愈趋成熟。将探测器送到天体附近的太空进行近距离探测，成为可能的技术，这让科学家可以对遥远的天体做更近、更细致清晰的观测。

太阳系内的探测，行星和卫星永远是主要的对象。因为距离不算太远，目标显著，轨迹明确，有了牛顿力学的加持，太阳系的天体探测在太空探险中将格外方便可行。

千里共婵娟——月球

月球是地球唯一的一颗卫星，它距离地球的平均距离约38万千米（36.2万~40.5万千米），月球半径约1737千米，大约是地球半径的四分之一。月球也是太阳系的第五大卫星，仅次于四大木卫和土卫泰坦。在太阳系的组合中，以地球的大小而言，月球也可算是相对而言最大的卫星了。

月球自转周期与其公转周期相同，为27.3天，所以从地球上只能看到其固定的一面。月球和地球就像两个面对面拉着双手转圈，不会分开的伙伴。

偌大的一颗卫星在周围环绕，当然对地球就有相当明显的影响。古希腊时期就有很多人研究月球，能预测月蚀的时间，知道明亮的月色来自太阳光的反射，月球的盈亏会影响潮汐的涨落。中国古代则以月球的盈亏与四季节气结合，制定历法，称为"阴历"或"农历"，其时序律动到今天仍然受到人们的重视。

月球与地球的关系十分密切，尤其在文化上，月球经常出现在戏剧、诗词、美术、音乐等艺术作品中。月光之下，总会予人静谧、浪漫、情感充沛的气氛。除了春节之外，中秋节更是一大佳节。登月计划似乎打破了我们对嫦娥、玉兔、吴刚伐桂的遐思。

2007~2020年，中国实现了嫦娥1~5号的探月计划，并成功登陆月球的背面，积极为载人登陆月球计划铺路。美国的NASA也有重新登陆月球的打算，以现今的工程技术，大家都想建设月球基地，开发月球资源，并且将其作为登陆火星的中继站。

要建立月球基地，水是不可或缺的资源。根据NASA在2000年对月表含水成分分析的研究，光谱分析无法确定月岩中所含的是氢氧基团（-OH）还是水分子（H_2O）。2020年，NASA宣布月球的向光面的岩石中含水量不算少，虽然低于撒哈拉沙漠的含水量。因为这些"水合态"的水分子，也就是月岩分子晶格中的水分子，广泛地分布在月表的岩石砂粒中，在月表无水的环境中，仍然是可观的水资源。

火星搜秘

红色的火星，自古就被东、西方的观星者不约而同地视为"战神之星"。它的英文名称"Mars"就是取自罗马神话中的战神。

火星是最早被怀疑除了地球之外有生命居住的行星，也是人类最早进行无人探测器登陆探测的行星。人类对"火星人"向来就有诸多联想，火星上有许多小丘陵地区，其中的塞多尼亚桌山群（Cydonia Mensae）分成三个区域，有复杂的峡谷群地形。

由于塞多尼亚桌山群有一个很像人脸"火星人脸"和金字塔的"结构"，使得大家对火星感兴趣，还引发人们对"火星王国"的传闻。

在火星的诸多传闻中，最荒唐的可能就是1938年，美国电影导演威尔斯（Orson Welles）在美国CBS广播公司的"水星剧场"这个节目中，口述了一段改编英国科幻小说《世界大战》的广播剧，其中包含了"火星人入侵"的情节。没想到竟然有不少听众信以为真，还一度成为社会恐慌事件。

火星探测是NASA继登月计划之后，逾半世纪太空行动的焦点。目标是登陆这个离我们最近，与地球又有诸多相似之处的行星，甚至长期居住在上面。

1964年，NASA发射水手4号，这是第一个近距离成功飞越火星的太空探测器，它拍下火星表面的近距离照片，揭开了"火星人脸"和"金字塔"的神秘面纱。虽然水手4号在1967年失去联络,但它的轨道器之后仍运行了8年,并且陆续传回照片。

苏联的火星3号也不遑多让,于1971年就成功登陆火星,是第一个在火星表面软着陆的人造机器。可惜,火星3号在登陆14秒后就失去了探测功能。

1975年,NASA又发射维京一号和二号(Viking 1 & 2)火星探测器,发现塞多尼亚桌山群的自然地形,彻底破解了"火星人脸"是某一君王塑像的长久迷思。维京一号在1976年进入火星轨道后,成功登陆火星表面,是NASA最早成功登陆火星的探测器,并在火星表面传回了清晰的照片。后来,维京一号因为错误指令于1982年失联,维京二号则于1980年因能量耗尽而失联。

到了20世纪末,成功登陆火星并在火星表面展开漫游探测任务的,是1997年的火星拓荒者(Mars Pathfinder)。而在人工智能的技术出现后,2004年的勇气号(Spirit)火星探测器和机遇号(Opportunity)火星探测器相继登陆了火星,分别执行任务到2010年和2018年。近年来的火星探测任务中,NASA的毅力号(Perseverance Rover)火星车和独创号(Ingenuity)无人机在2021年2月成功登陆火星,主要执行探测火星生命的任务。

此外,中国发射的天问一号(Tienwen 1)则载着祝融号火星车（Zurong Rover），于 2021 年 5 月成功登陆火星，它们不断向地球传回火星的信息。

近来的重大新发现是，火星地表曾经有过大量的水，甚至发生过洪水。这么多的水现在都到哪儿去了？地球表面的水已经存在了约 40 亿年，更是生命起源的关键因素。火星既然不是绝对无水的环境，火星生命的存在与否，便成为当前科学家急于想弄清楚的问题。

探测木星

木星是太阳系中最大的行星，直径与太阳差了一个数量级，质量是太阳的千分之一。木星的质量超过了太阳系其他行星的总和。如此大的质量，使得木星与太阳的质量中心与太阳的距离是太阳半径的 1.07 倍，是唯一质心落在太阳外部的行星。换句话说，木星不是绕着太阳转，而是太阳和木星"牵着手"绕质心转。木星的位置接近小行星带，也吸引了许多逸出轨道的小行星陨石，避免其撞击地球，减小了地球遭逢巨大灾难的概率。

在组成上，木星大气层上层的体积占比大约 90% 是氢，10% 是氦。木星大气层的质量占比大约 75% 是氢，24% 是氦。木星内部质量占比大约 71% 是氢，24% 是氦。据说木星可能错过了与太阳一起成为"双太阳"的机会，而变成了一颗行星。

目前已知木星有79颗卫星，其中靠近内侧的4颗卫星特别大。从靠近木星的内圈数起依次为：木卫一，名为伊奥（Io）；木卫二，名为欧罗巴（Europa）；木卫三，名为盖尼米德（Ganymede）；木卫四，又叫卡里斯托（Callisto）。这4颗卫星最早是由伽利略发现的，于是又被统称为"伽利略卫星"。

最早成功探测木星的两个无人太空探测器，是1972年发射的先锋10号（Pioneer 10）和1973年发射的先锋11号（Pioneer 11）。前者在1973年穿越了小行星带，飞到木星附近，近距离地探测了木星，确认了木星是一颗巨大的气态行星。

之后，先锋10号成为第一个经过冥王星轨道的人造物，其后它往金牛座毕宿五的方向飞去。先锋11号则于1974年沿着类似的路径在探测木星后，成为第一个靠木星引力转向，继续探测土星的探测器。它在1979年探测了土星环，然后向水瓶座的方向飞去。

这两个探测器分别于1995年、2003年失联，目前估计它们距离太阳系应该都超过了100个天文单位（AU），就是地球到太阳距离的100倍。

NASA还在1977年连续发射了两颗探测外太阳系的无人卫星：旅行者1号和2号（Voyager 1 & 2）。旅行者1号曾在1979年飞越木星，观测了木卫一伊奥上的活火山，接着于1980年接近土星和土卫六泰坦。泰坦是荷兰的惠更斯

（Christiaan Huygens，1629~1695）在 1655 年发现的，是土星的最大卫星，也是太阳系中的第二大卫星。

NASA 第一个深入环绕木星的探测器是伽利略号（Galileo）。它于 1989 年发射，1995 年进入了木星轨道，执行了 8 年的轨道探测任务，于 2003 年坠毁于木星。

伽利略号最大的发现是，在木卫二欧罗巴冰层覆盖的表面之下有一个海洋；木卫三盖尼米德和木卫四卡里斯托可能也有液态的咸水层，前者还有一般卫星所没有的磁场。此外，它还发现木星大气有多次巨大的风暴。

新疆界计划（New Frontiers program）任务二的朱诺号（Juno）探测器在 2011 年发射，于 2016 年进入了木星的极轨道（Polar Orbit），20 个月后脱离极轨道进入木星大气层。"Juno"有双重的含义，一是取名自罗马神话中天神朱庇特的妻子，据说她可以看穿朱庇特所造的云雾，了解他的行为；同时"Juno"也是"Jupiter Near polar Orbiter"（木星近极轨道器）的前缀缩写。

2018 年，NASA 决定延长朱诺号的任务，计划要飞越木卫二欧罗巴，任务探测器将要登陆欧罗巴，轨道器则环绕木星继续进行探测。木卫二主要由硅酸盐岩石构成，并具有水－冰结构的外壳，还可能有一个铁－镍核心；有稀薄的大气层，含有氧气成分。这些足以孕育生命的条件，使得木卫二成为人类太空探险的重要目标。

寻迹土星及其他外行星

土星是在木星之外的最大行星,其最特殊的就是外围的美丽星环。星环的组成大部分是冰块,少部分是石块,还有微尘。土星至少有82个卫星,还不包括上百个星环中的"小月亮"。

旅行者1号探测了泰坦的大气层、气候、磁场,还有复杂的土星环。2012年,它成为第一个飞越磁性太阳圈的人造物,正式越过了太阳系的边际,进入星际之旅。

旅行者2号除了探测木星和土星,还借着行星排成一列的机会,分别在1986年和1989年造访了天王星和海王星。到目前为止,它仍然是仅有的曾经造访天王星和海王星的太空探测器。2018年,旅行者2号以相对于太阳超过5.5万千米/时的速度穿越日球层,进入了星际空间。

赫歇尔在1781年观测天王星时,因为星光黯淡,还以为它是一颗彗星,差点儿与其失之交臂。天王星跟土星一样也有星环,目前天文学家已知其有27颗卫星。海王星已知有14颗卫星,它是一颗遥远孤独的行星。迄今为止,也只有旅行者2号拜访过。

在40多年后的今天,旅行者1号和2号仍在继续飞行,地球上没有其他东西比它们飞得更远,它们依然在执行着探测太阳圈的外沿和星际空间的任务。根据它们对周边环境的探测信息显示,星际空间有如大海,时而平静,时而波涛汹涌，并非空无一物，令人产生无尽的想象。

探测冥王星

新视野号（New Horizon）是 NASA 于 2006 年发射的探测地外行星和天体的太空探测器，其主要任务是探测冥王星及其卫星卡戎（冥卫一），以及柯伊伯带的小行星群。

2006 年 1 月 19 日，新视野号出发时以有史以来最快的速度飞行，当它的发动机关闭时，每秒的速度已有 16.26 千米。2007 年，它在飞越木星时，利用木星引力，每秒又增加了 4 千米。

新视野号先经过了小行星带的小行星 132524（APL 132524），飞越时测得此小行星直径为 2.3 千米。2015 年飞抵了冥王星，探测历程足足长达半年多。这么长的时间，足以让新视野号了解冥王星的大气、地表、地质和内部组成。冥王星的绕日轨道与黄道面夹角有 17 度，其绕日周期长达约 248 年！

冥王星的发现也是一波三折。1906 年，波士顿的富豪罗威尔（Percival Lawrence Lowell）在美国亚利桑那州建立了罗威尔天文台，目的是要找寻所谓的"第九行星 X"。1916 年罗威尔逝世，他的遗孀又寻找了 10 年。1929 年，天文台长斯里弗（Vesto Melvin Slipher）下令 23 岁的新人汤姆波夫（Clyde William Tambaugh, 1906~1997）接手这份工作。汤姆波夫以惊人的图像比对能力,在1930年2月8日宣称发现了行星X,于是冥王星(Pluto)成为了第九大行星。

九大行星的论述曾被写进了全世界的教科书中,但在20世纪末,有人提出疑义,认为冥王星不能算是行星。因为2005年在柯伊伯带找到的阋神星比冥王星还稍大点,天文界终于在2006年确认冥王星属于"矮行星"。

历史上最早发现的矮行星是谷神星(Ceres),它于1801年被皮亚齐(Giuseppe Piazzi, 1746~1826)发现时也被误当成行星,之后才将其确认为矮行星。谷神星的位置就在木星和火星之间的小行星带上,后来在相同的轨迹方向发现了越来越多的小行星。

新视野号在探测冥王星后,继续其飞往柯伊伯带的探险旅程。太阳风遇到星际介质阻挡而停止的边际称为日球层顶。由理论预测,日球层顶之外有一层热的氢气墙(Hydrogen Wall)。2018年,新视野号确认了旅行者1号和2号于1992年发现了太阳系外沿的氢气墙。

2019年,新视野号经过了最早由哈勃太空望远镜发现的小行星486958(Arrokoth 486958),它属于柯伊伯带天体,由两个直径分别为21千米和15千米的小行星组成,所以被昵称为"终极背包"(Ultima Thule)。2019年1月,新视野号刚好飞越"终极背包"的侧面,测得其直径为45千米,然后飞离了太阳系。

第5节 人类向太空探索

自从牛顿在17世纪吹响了科学革命初胜的号角,牛顿力学展现了其对天文学及太空工程的精准计算、预测。工业革命接着在18世纪风起云涌。此后的科学与科技究竟是如何发展的呢?随着进入人类世,人类又是如何驱策科学与科技的演化呢?

阿波罗登月计划

斯普特尼克计划(Sputnik)意为"旅行伴侣",是苏联一系列的人造卫星计划,斯普特尼克一号是人类第一个送到太空的人造物体。

自从苏联在1957年成功将第一颗人造卫星送入太空轨道,美苏冷战就延伸到了外层空间。美国总统艾森豪威尔在1958年下令成立了NASA,后来的总统肯尼迪下令急起直追的任务,那就是送航天员登陆月球。

20世纪最令人瞩目的太空成就,可说就是NASA的阿波罗计划(Projects Apollo),这是NASA迄今执行的最庞大的月球探测计划。在1961~1972年间,他们执行了一系列载人太空任务,主要任务是完成载人登陆月球和安全返回地球。在1967~1972年间,从阿波罗4号到阿波罗17号,NASA紧锣密鼓地先后完成了无人飞行、载人飞行及绕月计划。

回看 20 世纪 60 年代的载人太空计划，不得不赞叹 NASA 科学家的成就与航天员的胆识。他们没有手机、没有个人计算机、没有彩色视频、没有人工智能，仅靠手脑计算，让太空舱降落在无边无际的"月海"中。如此庞大且参与人数众多的登月计划，其工程技术在高速飞行下，必须格外精准，稍有毫厘之差就将造成无可挽回的悲剧。

终于，在 1969 年 7 月 20 日人类第一次登陆月球。在阿波罗 11 号的组员科林斯（Michael Collins, 1930~）的协助下，阿姆斯特朗（Neil Armstrong, 1930~2012）和奥尔德林（Buzz Aldrin, 1930~）先后踏上了月球，开创了人类登陆地外天体的历史。

还记得那时我刚进入大学，全家聚在黑白电视机面前观看登陆月球的全球转播。外婆是清朝末年出生的，她在观看转播时不停地啧啧称奇，还一直问真的是上了月亮吗？真的没有嫦娥吗？我体会到了一个新时代的来临，科学震撼了许多古老传统的心灵。而如今，熟练地玩着平板电脑、AR、VR 的儿童，他们在有生之年，借助先进的视觉技术设备装置，将可以在地球表面进行有如亲临火星地表的体验。

在首次登陆月球之后的 3 年内，NASA 先后又成功执行了 5 次登月计划，并带回了大量的月壤样本用作研究。

空间站的任务

要想在太空做长时间观测、探测或进行实验任务需要的是空间站。苏联登月竞争失败后，转向发展长期空间站。礼炮1号（Salyut 1）是苏联第一个空间站，也是历史上第一个空间站。1971年发射升空，联盟10号泊接未成，随后联盟11号与空间站对接，航天员在空间站内逗留了23天。联盟11号的返航是个悲剧，由于返回舱的均压均衡阀过早开启，3位航天员殉职。礼炮1号后来坠航在大气层中被烧毁。

另一个知名的空间站是和平号（Mir，兼有"和平"与"世界"之意），它于1986年2月19日发射升空，服役至1996年。苏联解体后，和平号空间站由俄罗斯接管。其间，许多国际航天员曾经访问和平号，3架美国航天飞机曾先后11次访问和平号，为空间站提供补给物资并替换成员。

和平号空间站是苏联经过10年由多个对接模块在轨道上组装而成的，它是人类第一个可以长期居住的太空研究中心。空间站首个模块于1986年2月19日发射，共包含6个经常在轨道上的模块件：核心舱、量子1号天文物理舱（于1987年对接）、量子2号服务舱（于1989年对接）、晶体舱（于1990年对接）、光学舱和自然舱（于1993年对接），当时NASA还提供了一个供航天飞机专用的对接舱。

和平号空间站曾经保持9年358天的人类在太空连续逗留的最长时长纪录。2000年，俄罗斯决定放弃维持和平号的运作。2001年，和平号坠毁于南太平洋。和平号的后续任务由国际空间站（International Space Station，ISS）接手。国际空间站是近地轨道上微重力环境下的研究实验室，是人类历史上的第9个载人空间站，目前由5个国家或地区合作运转。迄今已有来自多国的航天员，包括7名平民游客参与此项太空计划。它原本计划在2020年结束使命，后来又延长至2024年。

值得关注的是，中国于1992年就制定了载人航天工程"三步走"发展战略，建成空间站是发展战略的重要目标。中国空间站命名为"天宫"，包括天和核心舱、问天实验舱、梦天实验舱、天舟货运飞船和神舟载人飞船，整个呈"T"字形。从2022年12月2日开始，中国空间站正式开启长期有人入驻的模式。至2024年，中国空间站有望成为全世界唯一在轨运行的空间站。

马斯克和登陆火星计划

说到太空探索，不能不提火星。21世纪太空计划的亮点绝对包括人类登陆火星，这将是未来10年中最令人瞩目的重大文明与科技事件。对太空科学有兴趣的读者，一定会密切关注近年火星探测的消息。

火星到地球的平均距离是月球距离地球的142倍，当初阿波罗号宇宙飞船花了3天飞抵月球，按此速度去火星的单程旅行需要 1 年 2 个月。

在可预见的火星探索计划中，比较特别且值得大家注意的是，由马斯克（Elon Musk, 1971~）提出的探索火星计划（Mars Plans）。

马斯克出生于南非，具有南非、美国、加拿大多重国籍，因其年轻时创办 SpaceX、特斯拉电动车、PayPal（X.com）而闻名。他担任 SpaceX 的执行长兼首席设计师、特斯拉电动车的执行长兼产品架构师、Solar City 的董事长，也是世界上第一辆自动驾驶电动车"Tesla Roadster"的联合设计者。

虽然是一个民营公司，但 SpaceX 自从 2002 创立以来，就创下了不少世界太空工程的纪录。譬如：自从成功使用猎鹰 1 号运载火箭将天龙号太空船送入轨道并且安全回收后，2012 年首次以商业的货运飞船为国际空间站运货。2017 年首次以重复使用的猎鹰 9 号（Falcon 9）运载火箭助推器发射，并且安全回收。2020 年，Space X 更成为第一家载人太空飞行的商业公司。

马斯克证明了太空事业虽然要求高安全、高技术、高资本、高效能，也可以由民营公司承担。猎鹰 9 号在人类航天史上已经占有一席之地，它是多次重复使用的液态燃料运载火箭，现役的 Block 5 型猎鹰 9 号运载火箭能够在不回收第一节推进器的情况下，向低地球轨道发射重达 22800 千克的有效载荷，或是向地球同步转移轨道发射8300千克的有效载荷。

马斯克设计制造的行星际运输系统包括了可以重复使用的运载火箭，高容量载人的SpaceX星舰（SpaceX Starship），是下一代第二级的发射载具。超重型火箭则作为第一级的助推器。除了准备未来替代猎鹰9号运载火箭、猎鹰重型运载火箭以及天龙号太空船外，还有快速轮转发射、降落的安置作业，以及经过就地资源利用过程后，能在火星上直接生产的火箭燃料等都将规划启用。目前火箭和太空船都已经进入后期试验阶段。星舰将可于地球轨道上重新加注燃料后，完成地月之间的转移，然后继续飞往火星的任务。

未来将要在火星上使用的能源规划，则打算利用萨巴蒂埃程序，收集火星大气中的二氧化碳和地面冰所获得的水，直接在火星上生产甲烷和液态氧作为火箭推进燃料。这是天然气燃烧的逆反应，需要提供能量和非常精致的催化系统，也可以用光催化方式达成反应。马斯克打算长远使用这套装置，整个交通系统也必须能够反复操作，希望将载人登陆火星的飞行尽早付诸执行。

人类生存的边际不断扩展、延伸，如今从地球推到了其他行星，且让我们拭目以待，年轻人也可以开始规划自己的太空梦了！

寻找宜居的系外行星

2009年的电影《阿凡达》(Avatar)，除了令人咋舌的3D特效，其创意亮点当数系外行星大规模的军事、生化科技主题。

寻找宜居的系外行星，是21世纪太空科学的热门主题。至2021年，科学家已经发现了5000多颗太阳系以外的行星，其中约有70%是透过"凌日"(Transit)现象发现的，就是趁着行星掠过明亮的恒星表面时所做的观察。

另外有一种较新的微引力透镜(Microlensing)技术，这源于爱因斯坦提出恒星的背景光源受引力作用会产生弯曲的现象，推断当行星经过时会有瞬间光源强化的情形发生。这种技术从20世纪末开始使用，并已经在21世纪发现了质量和轨道与地球相当的行星。宜居行星虽凤毛麟角，但在广大的系外行星中，仍然有机会找到可能适合人类居住的星球，这是太空探索者梦寐以求的目标。

同时，人类已经可以对遥远的系外行星直接进行光谱探测。因为物质的活动在特定的电磁波段，都会显现特定光谱。譬如分子的转动是微波波谱、原子间的振动是红外光谱、原子或分子的外层电子能阶跃迁在可见光到紫外线的范围、内层电子跃迁的对应能量很大，在X线的范畴，所以据此测得的光谱系列，就可以了解行星地表及其大气层的成分及物理特性。

系外行星是否宜居的第一个条件，就是行星表面有没有水。水虽然无色无味，但是在紫外光区、红外光区、微波区都可以吸收特定波长的电磁波。根据其能否对应到水分子的标准图谱，就可以判定是否有水。

在太阳系中的木卫二欧罗巴和海王星上都发现有水的痕迹，火星的极地上也发现了水，火星表面可能也曾有过丰沛的水资源，所以这些大体都是寻找外星生命的目标。

第 6 节　太空探索的思考

2015 年的电影《火星救援》（The Martian），已经为人类登陆火星的梦想演奏了科幻的序曲。太空探索是一个充满想象的议题，人类在经历了农业革命之后，几乎走到哪里都希望寻找可用的资源。人类世的生态前途未卜，多少与人类毫无节制的开拓行为有关。

工业革命让科学技术突飞猛进。各国之间的竞争也不约而同地延伸到了太空。从冷战期间的太空竞赛，到今日企业家所梦想的太空商业观光旅行，未来的 NASA 和其他探测火星的组织，甚至私人企业家，将以何种姿态执行人类登陆火星的计划？这是值得我们观察、思考的科学问题，当然更是值得警示的人文问题。

有人说：登陆其他天体是人类正当的探险行为，也是科技成就的体现。如果我们把太空探索看成人类世的成就,这应该代表我们共享永续繁荣责任的扩大。阿姆斯特朗踏上月球时说:"这是我个人的一小步,却是人类的一大步!"人类踏上月球之所以是一大步,是因为从此站上了伴随地球有45亿年的月球,也是一种全新体验!登陆火星的时代将至,太空梦绝不该仅仅是为了占领新的疆土,而是意味着渺小的人类竟然有机会提升自己的视野和生命的体验,更要珍惜在地球之外延续生命的机会。

探索或许是人类生存的本能,但是不该成为我们继续侵犯自然的借口。人类能否转向接受与自然永续并存发展,而不是资源的掠夺竞争?这将会是人类世前途的全新挑战。

第三章

地球的演化

——科学能解决地球的环境危机吗?

哲学家尼采在《查拉图斯特拉如是说》中写道："伟大的太阳啊，如果你失去了所照耀的人们，还有何幸福可言呢？"太阳系最特殊之处，就是在它的第三颗行星——地球上有着丰富的生命。其中的人类不仅能享受太阳的滋养，生生不息，还能够欣赏、描绘、述说、颂赞、膜拜、歌咏这孕育生命的环境。

直到今日，太阳系中除了地球，其他地方尚未发现生命。身为行星的地球，竟能风调雨顺，万物滋生演化，适于人居，真是独一无二的奇迹！

人类进行行星探测的一个理由，就是为了太空移民。人类不是在哪里都可以生存，没有足够的水和氧气、合适的温度，还有充足的食物，人就活不下去。如今地球上的资源日益匮乏，到了这个世纪末，地球环境的宜居状态可能严重恶化，甚至岌岌可危。

人类在地球上的盲目行为，已经给地球环境和文明埋下了致命忧患。除了进一步往太空移民、寻找宜居行星，更应该先好好地认识我们绝无仅有的地球，或许能及时提升我们对自己所居住自然家园的珍惜之情。

第1节　风调雨顺的地球

演化(Evolution)和宜居(Habitability)是两个不同的概念。了解环境中是否有生命存在是第一步。而到目前为止，除了地球，科学家还真不知道哪里有生命的存在。

从宜居的角度来看，地球有太多刚好的宜居条件：刚好地表有充沛的三态水、刚好平流层有吸收紫外线的臭氧保护生命体免遭辐射伤害、刚好对流层有丰富的氧气和氮气提供生化的基材。地球大小适中，四季温和，刚好有磁性的地核，刚好有活跃的地幔，刚好有坚硬的地壳，刚好有温和的气候、刚好有生物圈……太多的巧合，难怪有人认为地球是被"设计"成的。

智能设计还是演化使然

地球是太阳系从内圈算起的第三颗行星，距离主要能源太阳1.5亿千米，可说是不远也不近，地球的体积不大也不小，连自转轴倾角23.44度都似乎经过"微调"，使得陆地较多的北半球有较多的日照。地表平均温度为14℃，十分温和。

看看离太阳较近的金星，其表面温度超过400℃。金星的碳大多以二氧化碳的形式存在于金星的大气中。相反地，地球的碳多以碳酸盐和有机碳的形式存在于沉积岩和生命体中，使得地球大气中的二氧化碳含量很低，只有金星的

1/350000！再看看离太阳较远的火星，其质量只有地球的10.7%。火星很可能是因为质量太小而抓不住水分子。火星大气中的二氧化碳占了95%，但其大气稀薄，地表的平均温度为 -63~-55℃。

地球不是正球形，其赤道稍凸。受其他大行星引力的影响，地球的自转轴倾斜角和轨道形状分别作4万年及10万年的周期变化。自转物体的自转轴绕着另一个轴旋转的现象，被称为"进动"。这在天文学上称为"岁差现象"，会影响地球的季节和不同纬度的日照量及两极冰帽的大小，但是没有具体证据显示这种变化是否会影响生物的演化。

纵观当今自然界丰富多样的生态，说地球是所谓天之骄子，自是当之无愧。很多人可能会问：地球之所以宜居，北半球尤其舒适宜人，是不是一颗"对的"行星刚好落在"对的"位置上？

该有的都有，不该有的好像都没有。究竟是巧合还是安排？难怪，地球是由"智能设计"（Intelligent Design）的说法甚嚣尘上。智慧设计是指一个复杂精巧的存在，背后一定有聪明的设计者，就像一只精细的表必定出自一位高明的表匠之手。

另外一种"盖亚假说"是指自然的生态与环境构成了一个巨大的生命系统，有如古希腊传说的大地之母盖亚（Gaia）照顾着自然界的一切生命体。电影《阿凡达》的剧本，就是根据这个概念编写出来。

不论是智慧设计或是盖亚假说，两者都是利用旁证或想当然的推论，并没有具体证据，听起来似乎合理，却都不属于科学的范畴。

科学界则是大多倾向接受达尔文所提出的"物竞天择"造就了如今的地球环境与生命。关键就在漫长的地质时间在环境许可时，会选择能适应的生命，给"对的"基因提供了更多生存发展的机会。

哈佛的语言大师卓姆斯基（Avram Noam Chomsky, 1928—）认为：

人的无知可以分成"问题"和"神秘"，面对合理的问题时，即便没有立刻的解答，但是仍然可以在探究的过程中获得洞见与知识，还能继续寻找新问题的线索；而不至于像陷在神秘中时，只能局限于愕然或留在困惑的泥淖中，不知作何解释。

这就是进化论了不起的地方，进化的观点能对近代生命科学、分子生物学和遗传学提供好的探究问题，也启发科学家提出好的问题，这些问题使生命科学和生物医学成为21世纪发展最快的前沿科学领域之一。这是进化论益发受到科学家青睐的主要原因，它也被视为现代大众必须具备的科学素养。

根据进化论，地球上许多看似"刚好"的条件，都是多方面的相互适应而"天择"出来的，是自然与现存的生命相濡以沫、长时间的互动结果，存在就是合理。不过不容否认的是：地球仍然是万中选一的生命之星，由不得任意地轻忽、糟蹋，这也正是电影《阿凡达》想要传递的环保信息。

地球的霓裳外衣——大气层

地球表面的构造可分成大气层、水层、岩石层，它们一起构成了地球生物圈，彼此交错调适，互相影响。

从太空俯瞰地球，水层使得地球宛如一颗蓝宝石。聚拢在有巨大质量天体周围的气体称作大气层，地球上这层薄薄的大气，正如一袭霓裳外衣，虽然"稀薄"，但对地球生物却是极佳的保护层和呼吸之源。

地球的大气层从地表往上，可分成对流层（Troposphere）、平流层（Stratosphere）、中间层（Mesosphere）、热层（Thermosphere）、外逸层（Exosphere）。

对流层的平均高度距地表约 13 千米，赤道附近可达 17 千米。对流层的大气变化是气候发生的原因。大气中的水蒸气约有 80% 存在于对流层，那里是云、雨、霜、雪等天气现象出现的区域。

对流层的温度随高度而降低，每上升 100 米，温度约下降 0.6℃。喷气式飞机的飞行高度在 1 万 ~1.5 万米，那里的温度在 -60~-50℃。

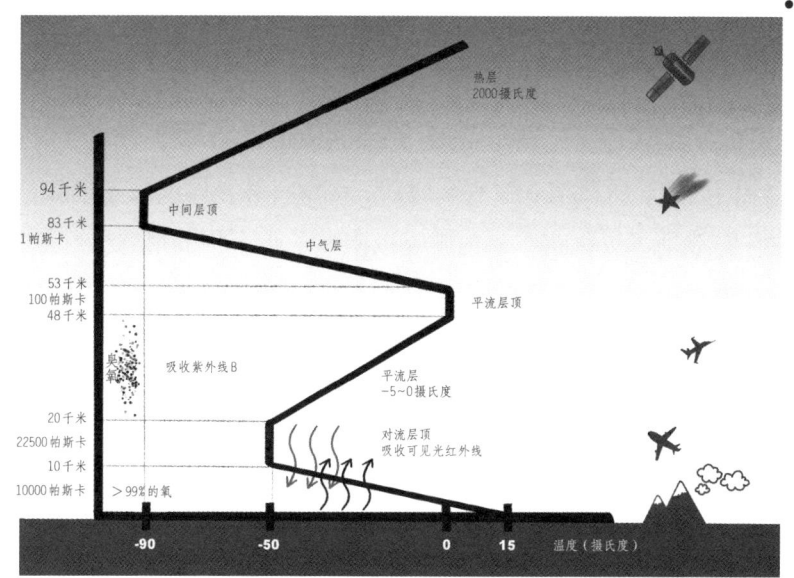

从 0—100 千米高的大气温度变化（绘图：Becky Chen）

对流层是距离地表最近的范围，活泼的氧气含量约占 21%，远远高于其他行星，惰性的氮气含量约占 78%，其他的成分有氩（约占 0.93%）、二氧化碳（约占 0.04%），水蒸气的含量则会随温度变动。

氧气是化学活性非常高的物质，在自然界仅次于含量极少的氟（F_2），自然界大气环境中 21% 的含氧浓度已经高得惊人。自从约 25 亿年前氧气大量出现之后，地表大气就维持高浓度的氧。基于此，地表是个容易发生燃烧或氧化反应的环境。对于还原性稍高的物质而言，地球的大气也可说是

"毒性"颇高。

此外，可与水发生反应的物质，在湿度大的地方也会不稳定，金属铁"生锈"就是一个典型的潮湿环境促进氧化反应的现象。所以地表没有金属铁，也没有碱金属或碱土金属，它们都呈"氧化态"，也就是以阳离子化合物的形态存在。氧化作用是生物圈的"维生反应"，除了厌氧菌，地表生物全通过呼吸氧气生存，为细胞提供"活力"。

平流层距离地表13~50千米。平流层在25~30千米的高度有丰富的臭氧（O_3），所以平流层中臭气浓度较高的地方被称为臭氧层（Ozone Layer）。臭氧虽然对生物有毒，但能吸收紫外线，保护地表生物免受致命的高能阳光（紫外线）照射，这就是特定物质"站对位置"，提供生命存活、宜居条件的例子。正因为臭氧有吸收紫外线的功能，平流层的气温会随着高度上升而升高。

中间层又称光化层（Chemosphere），范围在离地表50~100千米，其主要成分是由光化学作用生成的臭氧、氧气、氮的氧化物。

热层在地表以上100~500千米，也叫增温层。顾名思义，这里的温度会随高度上升而上升。这里的空气格外稀薄，离子浓度大，所以电离层（Iono-sphere）也存在于本层之中，是低轨道的人造卫星运行的范围。哈勃太空望远镜就在这一层绕地球运转。

外逸层在 500~1000 千米之上,是外太空的起点,其主要成分含元素中最轻的氢气（H_2）和氦气（He），这里的温度也随高度上升而升高。

极光发生在高度 80 千米以外的区域,它是太阳射出的带电粒子在地球磁场的作用下,撞击原子或分子而产生的。大气的外部应该都不适合生命生存,因为太阳辐射的杀伤力很强,所以在太空活动时必须穿戴有保护作用的航天服。

地球曾经沸腾燃烧,也曾经天寒地冻。地球曾出现过多次冰河时期（Ice Age），仅最近的 100 万年中就有 8 次主要的冰期。在冰河时期,地球大气和地表经历长期低温,导致极地和山地冰盖大幅扩展,甚至覆盖整个大陆。从冰河学的角度来看,南北半球出现大范围的冰盖,即可视作冰河时期的降临。

大体而言,地球的环境可说是常年稳定。大部分地质时间,地表温度都算是"温和"。地球有着不同于其他行星"意外温和"的地表,除了液态水,自然的温室效应也是主要原因之一,地表的温度范围在 –50~50℃，平均温度则是十分宜居的 14℃。

地球的凌波舞衣——水层

地球表面环境对生命格外有利的特点,除了有大量的氧气,另一个特点就是地球的表面有丰富且大致三态平衡的水,即液态水、冰和水蒸气。

水是宇宙中物理及化学性质极为独特的物质，水分子（H_2O）由2个氢原子以弯曲结构连接1个氧原子组成。最特别之处就是，当大量的水分子集聚时，其性质会变得极其特殊。纯水温度范围其实很窄（0~100℃），比热容却很大，这对稳定地表温度发挥了关键的调节作用。

此外，冰的密度比水小，所以固态冰会浮在水上面。冬季时，较温暖的水在冰下面，这就为许多水中生物提供了存活的环境。

从太空中看见的地球是一颗湛蓝的星球，就是拜地表的滔滔海洋所赐。海洋随着大气的气候变化，时而宁静无波，时而浪高千寻，这是太阳系众星中绝无仅有、最明显特殊的地表景观。

地球的表面有水层与岩石层。水层指地球上所有存在的水，包括了地表及地下水。海洋覆盖约71%的地表，相当于陆地面积的2.34倍。北半球陆地占39.4%，海洋占60.6%；南半球陆地仅占19%，海洋则占81%。地球水的总量有13.8亿立方千米，只占地球总质量的0.023%，约为1.4×10^{18}吨。

如果用统计概念的比例来描述：若有30亿个水分子在海洋中（96.5%）；8000万个就在淡水中（2.5%）；3000万个在地球内部。所有的淡水中则有5500万个在冰帽中；3万个在对流层；只有5个在平流层。

要达到这种存量，地球在形成时，必须从渺渺的太阳星云每300万个氢原子中捕获一个，这真是极为难得！要做到这样，行星的质量必须大到能吸得住水分子。

在46亿年的地球生命中，水必须有机会从行星内部移到地表。水层起码存在了40亿年，只有非常少的水逸散到外太空。大部分的水以液态形式存在，这表示地表温度没有超过水的沸点，而且温度范围要在冰点与沸点之间。在严酷的宇宙环境中要出现这样的环境条件，其概率是非常小的。相较于地球，火星表面应该也曾有过充沛的液态水，只是不知为何如今已经消失殆尽。所以不同的环境条件，就会有不同的演化方向。

陆地生命依赖的是淡水，其中只有1.3%是地表水，主要存在于湖泊中。地球上的三大淡水湖是亚洲的贝加尔湖、北美洲的苏必利尔湖和非洲的坦噶尼喀湖。

河流的容水量或许不算大，但是其奔流的范围够远够广，对气候和生物圈仍然有相当大的影响。地表的十大河流，依其长度排分别是尼罗河、亚马孙河、长江、密西西比河、叶尼塞河、黄河、鄂毕河、澜沧江—湄公河、巴拉那—拉普拉塔河及刚果河。

冰帽九重天——冰与水蒸气

冰也是地表的一大景象，集中在两极的区域。地球上最大的冰盖（Ice Sheet）或是大陆冰川就在南极，覆盖范围约有1400万平方千米，平均厚度为2100米，最厚的地方在威尔克斯地（Wilkes Land），有4800米厚，冰的总体积共有3000万立方千米，占了地表淡水的90%，有人曾经估算大约可以做成9×10^{16}个食用冰块。

格陵兰岛有79%是冰盖，约有171万平方千米，平均厚度超过2000米，最厚的地方约有3000米，总体积达285万立方千米。在末次冰期的冰盛期，劳伦冰盖覆盖了北美洲的广大陆地，威赫塞尔冰盖覆盖了北欧，巴塔哥尼亚冰盖覆盖了南美洲的南部。

在过去几十年中，科学家在两极挖了近4000米深的冰芯（Ice Core），它就像是大气与海洋的数据库，封存着长达80万年的宝贵数据。这些数据可供研究地球过去的温度、海洋体积、降雨量、低对流层化学、火山爆发、太阳变化、海表生产力、沙漠化程度及森林火灾等信息。

2020年，格陵兰岛的冰盖出现了大规模崩解，类似的现象在南极洲也被观察到。历史上，中世纪的温暖期，格陵兰岛的冰盖也发生过崩解，影响深远。全球变暖的情况已经日趋严重了。

大气中含有的水蒸气总量约为2.0×10^{13}吨。水蒸气可以由水的蒸发或沸腾产生，冰的升华也能产生水蒸气。水蒸气凝结可以产生雨、雪、霜、霰，最常见的则是飘浮在空中的云朵，成为地球表面大气中最为变幻莫测的景观。

水蒸气也是地表、大气及地下的水循环中不可或缺的角色。陆地的水大多经由地下水的途径进入海洋，而大气中的水蒸气主要是由海水蒸发产生的。此外，火山爆发产生的水蒸气将地幔中的水带到大气中，其提供的水蒸气量也是不容忽视的。

水蒸气掌握了平均约60%的自然温室效应，由于地表温度稳定，水蒸气的量也相对稳定。但是二氧化碳的存量，因为受到人类过度使用化石燃料的影响，百年来在持续升高中。

阿西娜的智慧与暴力——岩石层

不断变动的地壳，就像古希腊神话中兼具智慧与暴力的阿西娜（Athena），她那一体两面的形象，从出生时就惊动了大地之母盖亚，长大后又聪明地借其暴力之美形塑、震撼了大地。

地球的陆地景象十分多样，有高山峡谷，也有平原沙漠。地表并不平静，事实上是活力十足，有火山、熔岩，也有地震、风暴……与无声无息的宁静月球形成强烈的对比。

地球属于岩质行星，岩石层指的是地球外部固休的部分，包括地壳和上部地幔。地球中央是地核，这种不连续的分层结构，表示行星在形成过程中可能发生过化学凝析作用

（Chemical Conden-sation），也就是从一种匀相经由温度变化分成不同相的过程。重的元素以凝态往地心下沉，轻的物质则向地表上升，甚至形成气体。

地球半径约6380千米，有分层的结构及磁场分布。地震波（Seismic Wave）显示地下2900千米处有不连续面；2900千米以上纵波和横波均可穿透，属于固态结构；2900千米以下只有纵波能穿过，且波速慢，表示那里是液态物质。所以分层显示，2900千米以上是镁硅酸盐地质，2900千米以下则是高压熔融铁，密度大的铁核可能从熔融的硅酸盐沉入地心。新的地震波探测还显示，地核可能有软结构和硬结构，相关研究仍在进行中。

铁元素在地球上的分布情况是，地核的含量最多，其次是地幔，地壳及海洋中则相对较少。从岩浆的成分分析来看，铁占了8%。占地球1/3的液态铁大多集中在地核，可能是吸收了元素周期表中相邻或附近的重金属元素，而下沉至地核，所以地表的铁存量就较为稀少了。

地壳的成分

从地质化学的角度看，铁、镁、硅、氧组成的矿石主要有氧化铁、橄榄石和辉石，这些矿石的含铁量依次递减。氧化硅晶体，也就是石英，是不含金属元素的。铁元素不仅形成地核，也改变了地幔矿物的种类，同时也影响微量金属的分布及地壳的成分。

地质学上，根据特定元素及放射性同位素存量的比例，可估计地核及地幔形成的时间。目前科学家认为：如果地球是独自形成的，那么地球的分层，大约是发生在地球形成约1亿年以内的最初期。

地球的上部地幔，也就是地球地壳至外核之间的部分，约在地壳以下到深度400千米处，包含部分岩石层及软流层。岩石层部分厚约100千米。地球内部放射性元素，应当是重要的能源之一。高温的环境可能使地幔成为一个富弹性、易变形的半凝固地质，能够产生对流。

海洋地壳是玄武岩岩石层，也就是沉积岩，由密度较大的硅镁质岩石构成，硅酸盐成分较少，偏碱性。现存海洋地壳年龄都在2亿年左右，相对而言十分年轻。

陆地的花岗岩、安山岩、玄武岩均为火成岩，是岩石层的一部分，由岩浆冷却形成。结晶性高，和海洋地壳共同成为地球的最外层，主要由较轻质的硅铝质岩石组成，富含铝、钠和钾，铁和镁反而较少，偏酸性，密度较海洋地壳小。

变动的地壳——分裂的大西洋脊与大陆漂移

大陆地壳浮在地幔之上，厚度在20-80千米，年龄约为38亿年。地壳的变动是海洋隐没带（Subduction Zone）延伸到大陆地壳下方的现象，沉积物会被带入地幔，变质、分解释放出二氧化碳,让海洋生物可以再利用。

大西洋中脊(Mid-Atlantic Ridge)是一个纵切大西洋及北冰洋、大部分位于海底的活火山山脉。由北纬87度纵贯延伸至南纬54度,恰好是地质板块边界的交会处。

地球内部放出的热,对地表温度几乎没有影响,但是地幔的对流能将地表沉积物拉入地幔中,再分解出二氧化碳,最后由火山喷出。熔岩与火山显示,地幔的温度应该仍然非常高,超过1000℃,岩浆的运动提供了地球表面"建造"地壳的活力。自然界地表的地质倾轧与角力,可能是地球生机乍现的起点。

海底扩张的活动,主要是指中洋脊的地底火山从海底的地壳中央喷射而出,形成了新地壳。地壳向东西两侧延伸,每年以40~90毫米的速率扩展,至今仍然在持续进行,这也是大陆漂移理论最好的证据。

1915年,德国的魏格纳(Alfred Lothar Wegener, 1880~1930)提出"大陆漂移学说"(Continental Drift Theory),认为大陆地块会随地质年代而漂移,这个假说在当时很少人真正给予重视。直到20世纪50~60年代,放射性碳定年法的技术大为改进,才使得研究地球古岩石或沉积磁性的古地磁学异军突起。

1959年,美国地质勘探局(USGS)和澳大利亚国立大学(ANU)的科学家竞相发表大西洋中脊两侧海底沉积岩对称的现象记载了过去的"地磁倒转"（Geomagnetic Reversal）。地球磁场在地球历史中，南北极有非周期性的倒转现象，可由大西洋海底地壳的磁性随地质年代的变化得知。清晰的地磁倒转磁条可以准确地推算出地质年代，再测量其到中洋脊心的距离，就可以推算出当时海洋扩展的速率。

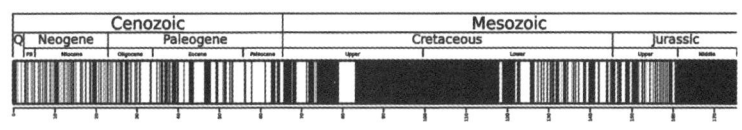

不同地质年代大西洋中脊的地磁倒转磁条

1963年，英国的瓦因（Frederick John Vine, 1939~）和他的导师马修斯（Drummond Hoyle Mathews, 1931~1997）结合了地磁倒转和海洋扩张来支持"大陆漂移学说"。加拿大的莫利（Lawrence Whitaker Morley, 1920~2013）也在同一时间提出了相同的学说，但他提出的学说发表时遭到拒绝，数年后才得到正式出版。

根据大陆漂移的理论，上部地幔及地壳的岩石层分裂成几个"板块"，这些板块相互地倾轧运动，决定了地壳板块边缘的聚合或分离、造山运动或是海沟形成，还有转形断层、地震或是火山活动。这些现象必然都和地幔的对流运动的动力变化有关，但是理论有很多种，研究也都还在进行中。

宏观来看，岩石层的一颦一动都与陆地生命息息相关。

岩石层、水层、大气层的对流层紧紧地和生物圈结合在一起，构成了精彩的行星生命世界，这是最令人屏息的宇宙景象。

第 2 节　生物圈稳定的环境

地球最特殊且有别于太阳系其他天体之处，在于地表有着奇特的生物圈。

从热力学的角度来看，地球似乎是一个违反热力学第二定律的世界。换句话说，热力学第二定律似乎常常被逆转，随处都有能量的有效运用，使得混乱度（熵）下降的例子。当然，这些只是因为地球并非一个孤立的系统。

地球表面有许许多多的自然规律，使得生命得以诞生、活动、进化。地球不是能量封闭的系统，太阳能源源不断地供应着地球。地球也是一个能在变动中让物质维持均衡且稳定循环的星球，生物圈究竟是地球物质维持均衡的果还是因？这就像是鸡生蛋、蛋生鸡的问题，因果尚难定论。

地球上的物质不停地分解、组合、变化，甚至进化出超过了 30 亿年的生命。生命圈激发了地球上物质的"活力"，而生命所需最重要的条件，就是要有稳定的生态系统。

生态系统的构成

1987~1989 年，多才多艺的系统生态学家，也是工程师和冒险家艾伦（John P. Allen, 1929~2020）和他的同事在美国亚利桑那州图森北部沙漠中，花2亿美金兴建了一个物质封闭的微型人工生态循环系统，取名为"生物圈2号"（Biosphere 2）。

生物圈2号占地1.27万平方米，是一个有8层楼高的圆顶形密封钢架结构的玻璃建筑物，简直就是一个史无前例的超大暖房，其中设计了海洋、雨林、草原、沼泽、珊瑚礁、沙漠等多样性的生态环境。

兴建生物圈2号的目的是，帮助人类了解地球的运作，研究仿真地球生态环境的条件，以及人类如何长期在封闭的生态系统中生活和工作。1991~1993年，四男四女住进了生物圈2号。但仅仅经过两年的时间，系统内的氧气含量就从21%下降到15%，食物生产量也不足，实验遂宣告失败。科学家只能感慨：科学对自然生态系统的认识还只是皮毛而已。

生态系统是一个环境与其中所有生物相互作用的整体系统，其中包括了生物和非生物的组成。系统中有各种宰制生态圈各种事物或行为的成分和反应程序，以及这些物质成分的交换与能量传递。

换言之，生态系统是指在一起生活的生物族群以及周围的环境。整个系统形成了功能性的生态单位，动态上是一个整体，构成了复杂又互动的质能系统。其中陆相和水相各自有其食物链，而其平衡和稳定与否，是生态系统得以延续的关键之一。

在化学家的眼中看来，生态系统构成的因素，基本上就是"物质的循环和能量的流动"，也就是说生态系统中的物质和能量都是呈动态的。如果做长时间的观测，物质在生态系统不同的生命和环境中，从一种形态转变成另一种形态，角色也会更替，但是总量是相对守恒的。

生态系统能量的终极来源是太阳，能量的形式会转换，能量的流转就是万物变化的缘由。所以外观的变与不变看似复杂，并不是有神秘难解的力量在操纵，而是自有其运作的物理与化学法则。

在地球生态系中，最基本的质能流转的有机程序是光合作用（Photosynthesis），它包括了"光反应"和"暗反应"。

太阳能是所有能量的源头。能量和水作用，通常是水先进入植物，其中的叶绿体在阳光下利用太阳能产生氧气。这种生命呼吸作用所必需的物质——氧气，就是在光合作用的光反应阶段产生的。

暗反应中的二氧化碳的固定、还原和加氧酶再生（Regeneration of Oxygenase）构成的循环就是"卡尔文循环"（Calvin Cycle），由1961年的诺贝尔化学奖得主卡尔文（Melvin Calvin, 1911~1997）提出。其间产生的葡萄糖可以为植物和动物提供养分，动物将能量经线粒体的腺苷三磷酸（ATP）做能量交换。ATP好比动物体内的能量"现金"，通过燃烧葡萄糖"付款",提供生命需要的能量。如此,构成光合作用的总反应,即二氧化碳和水靠着叶绿素,在阳光下产生了葡萄糖和氧。海水中大量的蓝绿藻加上陆地的雨林,创造了地球含氧丰富的空气,也提供了好氧生物生存必需的氧化环境。

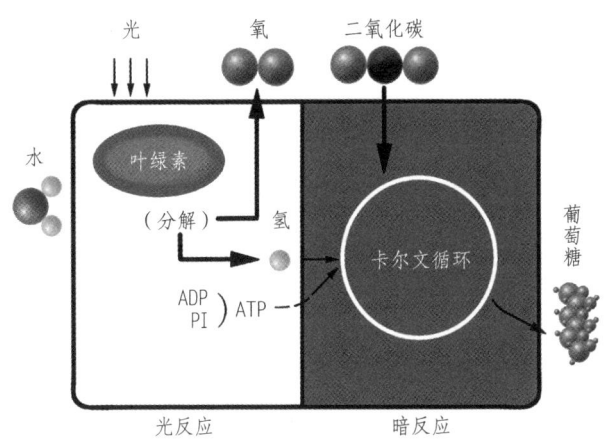

光合作用:光反应与卡尔文循环(绘图:Becky Chen)

生态系统的衡稳机制——生物地球化学循环

为何地球的生态系统能如此环环相扣,格外稳定?这是一个神秘且迷人的问题。

地球生态系统的稳定性,主要由于多元的物质循环机制。一个区域内的生物在自然界的物质传递,依赖的是生物地球化学循环（Biogeochemical Cycles）。这指的是在生物圈内的元素或物质交换，其中重要的程序包括碳循环、氧循环、氮循环、磷循环、钙循环、水循环等。火山活动则是岩石层和大气层交换物质的重要过程。

这些循环的程序，维系了地球生物圈所需的重要元素存量的守恒。换句话说，数十亿年来，自然界的生物虽然生生灭灭，但是组成生物体的元素物质在不同的生物中进进出出、来来去去，其原子的总量却几乎不曾增加，也不曾减少。

生态系统的第一要素就是水。地表的水循环包含了水从海洋到大气，大气到陆地，再回到海洋的循环过程。海水或陆地上的淡水进入大气经由蒸发作用。水从植物进入大气，则靠的是蒸腾作用。水从大气以雨、雪等形式降回地表的过程被称作凝结。地表的水可以渗透到地下，再以各种形式流入海洋。数十亿年来，地球上的水体总量是相对稳定的。

由于生命体的有机组成成分是以含碳物质为基础，所以在生物地球化学循环中，最重要的元素交换就是"碳循环"。陆地与海洋都会和大气经光合作用与呼吸作用交换碳元素，陆地上的碳受到风化和侵蚀作用，则会进入海洋中，大自然的火山活动可将碳元素释放至大气中。

进入人类世后，储藏在地下的石化燃料被取出，并经人类的燃烧行为而逸入大气的主要的成分是碳，这也是全球变暖的主要原因。还有大量的碳元素则以有机物质的形态，储藏在陆地和海洋的生物中，或是沉积在海洋的沉积层中。

湖泊中的碳循环，通常包括水藻等水生生物的呼吸作用释放二氧化碳，以及水生植物进行光合作用吸收溶在水中的二氧化碳。水中的二氧化碳与大气中的二氧化碳会互相交换，水中的二氧化碳还会转换成碳酸等，在食物链中进行循环，所以淡水湖泊常显示出酸碱性的平衡。死亡的生物则将碳转移到沉积层中。

碳酸在自然界都是以碳酸氢根（HCO_3^-）或碳酸根（CO_3^{2-}）的离子形式存在。大气中的二氧化碳溶在雨水中，就会产生碳酸氢根离子落在陆地上，与钙离子（Ca^{2+}）结合形成碳酸氢钙（$Ca(HCO_3)_2$）。岩石或土壤受到风化或侵蚀，就将钙离子与碳酸氢根离子带入河流和海洋。海洋生物吸收钙离子与碳酸氢根离子，就形成含碳酸钙（$CaCO_3$）的甲壳。死亡的海洋生物会将碳酸钙堆积在海底的沉积层中，地壳的隐没作用会把沉积的碳酸钙带到隐没带。高温和高压可以溶解富含碳酸钙的岩石，火山爆发又将碳酸钙分解出的二氧化碳送回大气中，如此完成了碳循环。

大气中氧气占了21%，其余的几乎都是氮气，还有一些相对微量的含氧气体，如 O_3、CO_2、H_2O（水蒸气）、NO_x、SO_x。水层的氧元素约占33%，如 H_2O、HCO_3^-、CO_3^{2-} 等。岩石层的氧元素约占46.6%，如硅酸根（SiO_4^{4-}）、碳酸根

（CO_3^{2-}）、磷酸根（PO_4^{3-}）等，形成各种金属矿物。生物圈的氧约占 22%，主要是有机氧和水。光合作用与呼吸作用主要负责氧气和二氧化碳的交换。此外，离子氧化态的变化和有机氧化态的变化，也是交换氧原子的重要途径。地球水层和大气层中的氧气量已经稳定了数十亿年之后，而光合作用与呼吸作用，必然是地球上维持生物圈平衡和生态稳定的关键因素。

氮元素是生物蛋白质的主要成分，所以氮循环也是生物圈稳定的重要机制。大气中有非常多的氮气，但是由于其化学惰性，生物不太容易利用，因而空气中游离态的氮转化为含氮化合物，也就是氮元素的固定（Nitrogen Fixation），需要依赖特殊的途径。至于活性的氮元素，包括了氧化态和还原态，是氮循环不可或缺的部分。

固定氮的物理方法是靠空中的电闪雷击，生物途径则要依赖细菌的固氮作用，譬如与豆类植物共生的根瘤菌。生物质燃烧可以生成氮的氧化物（NOx），其溶入水中就可以氧化产生硝酸根（NO_3^-）或亚硝酸根（NO_2^-），这就是硝化反应（Nitration）。硝酸根的还原就是去硝化反应（Denitration）。

氮的还原态物质则有氨（NH_3）、氨基（$-NH_2$）或胺基（NH_4^+）、有机胺基（R_nNH_{3-n}）、氮气（N_2）等。生态系统的硝化或去硝化过程都要有细菌的参与。

在工业上，德国的化学家哈伯（Fritz Haber, 1868~1934）

发明了利用高温、高压和催化剂，经由化学平衡和动力学的控制直接把元素态的氮气和氢气反应生成氨（NH_3）的方法。氨是重要的肥料和炸药原料，哈伯因此获得了1918年的诺贝尔化学奖。

空气中有用不完的氮，哈伯人工合成氨反应的问世，促成了大量的化肥生产，进而促使食物爆量生产和人口暴增。随着人类世的到来，环境中的硝基大幅增加，原因当然和人类的工业发展、化肥的大量使用不无相关。

磷元素是磷酸根的核心元素，是生物体中骨骼的重要成分，也是生物体DNA和能量交换的必要成分（ATP/ADP）。磷循环只发生在岩石层、水层及生物中，不会进入大气层。

自然界的磷元素大部分存在岩石层中，譬如磷酸钙矿。土壤中的磷酸根会被冲刷到水中，最后沉积到沉积层。当然，磷也可以被植物或水中的藻类吸收，进入生物体内。腐败的生物体又会回到土壤或是海底的沉积层。

人类使用大量的磷肥会被冲刷进入水体，湖泊、池塘的磷一旦过量，水藻过度繁殖就会造成富营养化（Eutrophication），导致水中缺氧，生物就可能大量死亡。自然界发生的富营养化需要数百年，甚至数千年，其作用才会缓解。

能量的循环

生物圈所有的物质循环都需要能量。地球虽然是物质相对封闭的系统,但就能量而言却是随时开放的。整体而言,太阳光永不停歇地照射在地球上,光合作用就是最有效的能源收割机,它将能量转化成生物的能量"存款"——葡萄糖,在生产者、消费者、分解者中流转,不能使用的能量就以热能的形式进入环境中。

生态系统的生产者是植物、藻类、细菌等能够自给自足的成员。生产者的生理素材基本上也是碳水化合物。它们主要依赖的就是太阳光,当然也可以用到化学能和热能。

生态系统的消费者,基本上是靠摄食维生,食物包括植物、动物、菌类等。动物中有草食性、肉食性或杂食性动物,它们都会排除食物中无法被吸收的部分,最后死亡,回归自然。

生态系当然少不了清道夫的角色,那就是分解者,通常是细菌、真菌,以及一些昆虫等。它们会把生产者、消费者的排泄物或残留物,通通转换成生产者可以使用的无机营养物。当然分解者也会散发热量,譬如堆肥就会发热。

各种摄食的消费者还会形成各层次的食物链。能量循环是生态系统必要的动力,我们看到的是生生不息的物质替换更迭。当生态系统失衡不稳时,最高层的消费者会消失得最快。

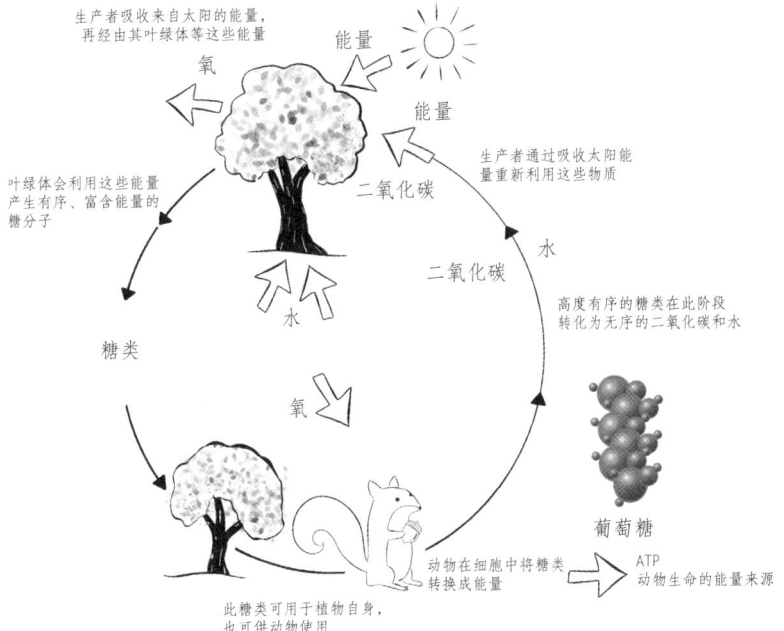

阳光的供给，生产者、消费者及分解者与小分子之间的能量循环
（绘图：Becky Chen）

人类世是一个超级"能源世代"，能源的使用与开发完全进入了前所未有的局面，其最直观的表象就是将埋藏在地下数亿年的碳释放到地表的大气、海洋与地壳中。在短短的200年里，就让数十亿年来十分稳健的"地球健康"急剧恶化。

科学家思考如何使用绿色干净的能源，目前普遍认为，以使用燃烧只形成水的"氢能"较具潜力，但是要产生大量氢气必须仰赖水分解,目前尚难以保证是否能够全面替换化石能源。

第3节　能源与环境的四个主要危机

在发展出智慧文明的行星上,一旦科学技术的发展大幅改进了民生条件,使得人口数开始趋近于环境容纳量(Carrying Capacity),就必定面临能源危机和环境危机的挑战,这是有限资源行星的宿命!

地球上的生物多样性丧失,也许已经不只是一种、一属的生死存亡关头了。这究竟只是暂时的生态乱流,还是永久性的生态伤害,甚至影响到人类文明的永续,就要看环境崩溃与能源匮乏的速度与程度,会持续发展到什么地步。

全球石油危机

在20世纪70年代短短的10年中,很多人都遭遇过三次主要的"全球石油危机"。1973年,能源危机还是全世界的新名词、新概念。当时我正在申请美国一大学研究所的奖学金,准备赴美进修和石油化学有关的无机触媒化学,却听说支持化学催化反应和触媒研究的石油公司,因为能源危机而停止资助,以至于奖学金名额减少了。

造成那次石油危机的原因,是1973年10月的第四次中东战争,也称作"十月战争"。当时的油价涨了300%,从每桶3美元涨到每桶12美元,迫使美国不得不找寻其他方法解决自己的能源需要。

第二次石油危机是在1979年,这一次的石油危机延续了好几年。虽然当时全球油料供给只下降了不到4%,但油价却在一年中持续上涨达到了每桶39.50美元。

我专攻有机金属化学和催化反应,但在1982年获得博士学位后,几乎找不到石油公司提供的博士后研究奖学金。平常最容易申请的美国化学学会博士后石油研究奖助金(ACS PRF)变得难以申请,能源危机对我而言就是"财源危机",那时我才体会到全球危机离我咫尺而已。

1986年我回台湾任教,1990年波斯湾战争又起,原油价格从每桶21美元上涨到每桶46美元。

1991年,美国联合多国,对伊拉克进行了一场大规模的军事行动。伊拉克在撤退前,一把火烧了科威特的油田。大火延烧了10个月,中东的石油生产用了几年时间才恢复。这次石油危机的影响相对较小,但是催化反应研究依赖钯(Pd)和铂(Pt)等贵重金属,其市价随着国际金价大幅飙高。

19世纪以来,地球就进入了高度依赖化石燃料发电的时代。到了20世纪中叶,石油和煤甚至成为化工、电子等工业的基础材料。能源危机是全世界的难题,狭义的能源危机,是指能源的供给在经济上发生了较大的壅塞现象。一旦油料吃紧，生活花费飙高，危机感当然就直线上冲。

21世纪的能源危机更为频繁，原因也更复杂。19世纪末，欧洲工业革命的号角吹醒了近代科学的实用主义，除了机器取代了人力、畜力，人类更学会了更多生产二级能源的方法。一级能源，如化石能源、水能、核能、风能、太阳能等，全都被转化成电能使用。电便于输送，容易转换，使用效率高。200年以前，生命以摄取物质来获得生存必需的能量。有了电，人类转为利用科技取得能量，就可以换取奢华的物质生活。但大量增加的人口追求更高质量的物质生活，能源危机遂应运而生。

人类这才领悟：每一颗行星一旦到了能够发展高科技的时刻，表面上似乎主宰了自然，一切欣欣向荣，然而人口剧增，靠着自己创造的技术滥用能源、物资，终将导致能源危机和环境危机。能源危机可能就是智慧生命和这颗行星的警戒之门。这是宇宙为大自然设立天谴的承载门槛，没有生命能拒绝臣服。

随能源危机而来的就是环境危机，这是滥用能源、物资必然的结果。环境危机根据其发生的区域，可分成空气污染、水资源污染、土地污染等生态污染。全球性环境危机影响巨大，科学家尚无彻底解决的方法。以下举出其中影响特别大的几个危机。

南极臭氧层空洞

20世纪70年代,科学家用光谱仪探测,测到大气平流层的臭氧浓度明显下降,尤其春季现象格外严重,在南极上空形成了所谓的"臭氧层空洞"。

荷兰的克鲁岑教授提出:N_2O 可能在平流层分解成一氧化氮(NO),它属于带有奇数电子的"自由基"。自由基的化学活性比一般化合物大,可与臭氧快速反应,因而大幅降低了臭氧含量。

后来,美国的罗兰(Frank Sherwood "Sherry" Rowland, 1927~2012)和他的墨西哥博士后研究员莫林纳(Mario Jose Molina-Pasquel Henriquez, 1943~)则提出罗兰—莫林纳假说(Rowland-Molina hypo-thesis):喷雾罐中的压缩喷雾剂——氯氟烃也可能上升到平流层并大量累积,经紫外线照射释放出带奇数电子的氯原子,催化臭氧的分解。这个假说曾经被喷雾工业界人士严厉驳斥为"荒诞胡扯、不知所云"。最终,该假说获得了平流层光化学实验所测得数据的决定性支持。

臭氧(O_3)、一氧化氮(NO)、氯原子(Cl)的电子结构都含有奇数的电子,都属于"自由基"。这些物质如果是大量存在于生物生存的环境中,十分容易引生皮肤癌,对健康有害,甚至会致命。

新的实验还显示:含溴元素(Br)的卤甲烷灭火剂是更糟糕破坏臭氧的物质。1976年,美国科学院发表报告公开说明研究结果，并于1987年为了防止臭氧层空洞继续恶化，签署了国际协约《蒙特利尔议定书》（Montreal Protocol），决议限制氯氟烃的生产，并于1989年执行，于1996年完全禁止生产氯氟烃化合物。克鲁岑、罗兰、莫林纳三人则因为在环境化学方面的贡献，于1995年共同获得诺贝尔化学奖。

21世纪初，臭氧层空洞似乎有逐渐弥补填充的趋势。不过在2019~2020年，南极臭氧层空洞的大小又开始不稳定地震荡。除了极地寒冷气候的原因，科学家认为含氯、溴的化学物质在平流层累积的因素仍然无法全然排除，如何避免臭氧浓度的下降，将是人类的长期挑战。

全球变暖

地球大气层有一个救命法宝，维持了地球表面的宜居温度，那就是天然温室效应。红外线是影响温室效应的关键辐射能量，地球吸收了太阳辐射，再通过红外线的辐射将能量释放到大气中。此时的大气层有如一个玻璃暖房，里面的温室气体吸收了红外线，并将其辐射回地表，因而维持了地表温暖的气候。

温室气体吸收红外线的原因，是因为气体分子中的原子振动的能量，恰好落在红外线的范围。自然界的温室气体，包括36%~70%的水蒸气，9%~26%的二氧化碳。其他温室效应指数很高的气体有臭氧、甲烷、氧化亚氮（又称笑气，

N_2O）。至于人造温室气体氢氟碳化物（HFCs）、氯氟烃（CFCs）与六氟化硫（SF_6），氮与硫的氧化物 NOx、SOx 等，都是温室效应指数很高的气体，即使它们在空气中含量相对有限，但对温室效应的影响仍然不容忽略。

工业革命之后，人类的行为严重影响了大气，譬如大量燃烧化石燃料产生的二氧化碳、畜牧业产生的甲烷，在大气中的含量都明显上升，造成了全球变暖的现象。这种非自然因素（人为温室效应）导致的全球变暖，值得全人类警惕。

人类世大气中的二氧化碳浓度，从 18 世纪初的 0.028%，上升到现在的 0.04%，远高于全新世的其他时间，使得地表的平均温度大约上升了 1.1℃。政府间气候变化委员会（IPCC）预测：21 世纪的二氧化碳浓度有几种可能的上升模式，造成全球温度上升 2.6~8.5℃！

全球变暖是一个极为严峻的人类行为影响气候变迁的现象。依照目前的评估，如果全球平均温度的上升不能控制在 1.5~2.0℃的范围以内，极端气候、两极冰盖与冰河融化、海平面上升、超级台风、海洋酸化、生物多样性下降等灾难都可能失控。

若世界各国不积极合作，限制全球温度上升，前景并不乐观，许多科学家甚至悲观地认为，这个机会可能已经不存在了。

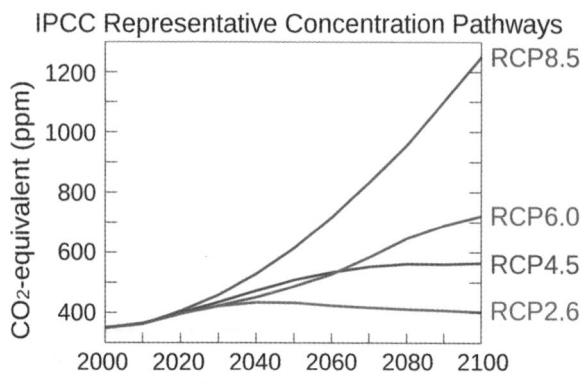

IPCC 预测 21 世纪的 CO_2 浓度变化与温度上升的关系

海洋污染

很难想象太阳系中最美丽、充满生命的海洋,已经被当今的海洋污染(Marine Pollution)影响,成为人类世中严重的环境污染问题。

海洋废物(Ocean Wastes)主要指被大量倾倒或冲刷到海洋中的陆地废物,包括生物垃圾及医疗废弃物中的塑料与塑料微粒(Microplastics)等。科学家在 20 世纪初如获至宝地发明了塑料这种人造材料时,绝对没想到它会在短短 100 年内广泛地污染了海洋与陆地,比燃烧汽油的汽车更严重地制造污染,估计发明塑料的工程师及科学家也会为之愕然。

海洋中的塑料会不断地分解,所有小于 5 毫米的塑料粒都算是塑料微粒,其总量难以估计。大部分的海洋废物可能源自人类的生活用品。分解后的微粒大多会进入海洋食物链,进入海洋生物的体内,最后进入食用海产品的人体中。

未来的塑料产业,要积极地发展既有塑料材料的化学改质和物理改质,开发绿色循环经济,使得塑料材料能重复循环使用。虽然这些手段只是治标不治本,但现在也只能且战且走。

海洋酸化也是正在发生的海洋环境问题。有人预言海水的pH值将会在本世纪从8.2下探到低于8.0。pH值下降造成的碳酸钙溶解,将对海中钙化生物的生存带来极大的挑战。此外,海洋酸化会改变海水的透光度,影响海洋中的光合作用,也会改变声音在海水中的传播,海洋将变得更嘈杂,严重破坏海洋中的生态多样性。

科技并非万能

诸如都市或大区域的空气杀手PM2.5、PM10.0;海洋过度捕捞;极地冰盖加速溶解,造成低地或海岛的海平面上升,例如度假胜地马耳他岛在这个世纪末可能不再存在;还有水资源不足、地下水超采、土地沙漠化、核能污染、核废料处理、外来物种侵入、雨林消失、严重饥荒、转基因食品、全球疫疾大流行……要数完今天地球上的环境问题,真是罄竹难书。更糟的是,其中不乏濒临严重危机,却又左右经济命脉的灾难。

面对这些问题时,我们哑然发现科学似乎不再是无碍不破,遇到任何问题都能迎刃而解的法宝。那些超能力般的先进科技，诸如电子科技、信息科技、人工智能、大数据、基因工程、遗传科技、生医技术、大脑科技……虽然能够把我们带入近乎科幻的境界，可是一旦遭遇环境、能源等大问题时，其实是一筹莫展的。

英国著名生态学家洛夫洛克曾说："文明到目前为止还是不够长久！"像大自然这样复杂的系统，即使运用大数据，常常也是难得其解。地球维持生命永续的诀窍究竟是什么呢？毕竟科学在自然演化面前连婴儿都算不上。自然的永续、生态圈的稳定，是人类唯一能够选择的方向。

第四章

生命的进化

——第六次生物大灭绝将是人类世的宿命吗?

1859年，达尔文出版《物种源起》，主张生命都是从自然环境的物竞天择过程中，不断进化而来的。

达尔文说："既非最强的，也非最聪明的得以生存，而是最能适应环境的才能存活！"经由物竞天择，适者生存的机制，在数十亿年中生命得以延续。这是在地质学出现之前，对于地球能有悠长时序，加诸生命体变化机制的创新思维。

达尔文认为，仅学习正确的知识，而不会思辨，很多是死知识。然而就算是错误的知识，只要能引出对的问题，也能启发伟大的思考。由此可见，会问好的问题是真知灼见的起源。

他的生物进化学说遭到19世纪英国保守思维无数的讪笑与讥讽，宗教界的保守卫道之士对他大肆挞伐，甚至将他描绘成猩猩，讥笑他的主张。20世纪，仍有相关教会强烈反对达尔文的主张，甚至将其上升为法律论战。

今天科学家的世界观在近代地质学的加持下，大多认为地球的年龄已有46亿年，其中的30多亿年存有生命。在这种生命延续的环境中，并非一切都是恒定不变的。其间，超过了99.9%、总数约有50亿的物种，都已经灭绝了。今天地球上的生命，绝大多数过去都不曾存在。

随着遗传学、生物学、分子生物学的陆续兴起，支持生物进化论的证据越来越多。"生物进化"的观点，就像"大爆炸开创宇宙"的观点一样，已成为现代社会的基本常识。

第四章 生命的进化 —— 第六次生物大灭绝将是人类世的宿命吗？

达尔文发表《物种起源》后，嘲讽的辱骂声比比皆是

第 1 节　进化之舞

46 亿年的时间，对人类而言是个天文数字。大多数人的寿命七八十年，少数人可过百岁，很难想象几十亿或百亿年的时光究竟是怎么样个长法。

进一步仔细了解远古地球，可以说大自然写下的历史就是一部生命进化史。从最初始的细菌到智慧生命，俨然是一出精彩绝伦的"进化之舞"。地质学家和古生物学家各自有一套计算时间的尺标。如果把地质年代和化石年代并列，就可以看清楚"进化之舞"的桥段。

地球生命进化

如果把地球46亿年的历史放在熟悉的24小时框架下，那么生命起源的35亿年前大约发生在天光乍现的4:00。

地表长年积累的铁矿有利于蓝绿藻进行光合作用，使得地球大气中逐渐有了丰富的氧气，这完全改变了地表环境。这是在19.3亿~34.5亿年前发生的，在24小时的框架下即在6:00~13:52。

真核单细胞藻类可能是细菌与古菌共生进化的结果，大约发生在19亿年前，即24小时框架下的14:00之后。植物的有性繁殖则出现在10亿~12亿年前，即为18:00。

寒武纪生命大爆发时期，三叶虫约在5.4亿年前出现，即为21:00。陆地上有枝干的维管植物大约出现在4.3亿年前，即为21:52。最早的两栖类动物大约在3.8亿年前登上陆地，即为22:00。恐龙在2.3亿~2.4亿年前出现在地球上，即为22:56~23:39，最终灭绝于6600万年前，称霸地球约有1.8亿年之久。恐龙的灭绝造就了哺乳类的生存契机，这在24小

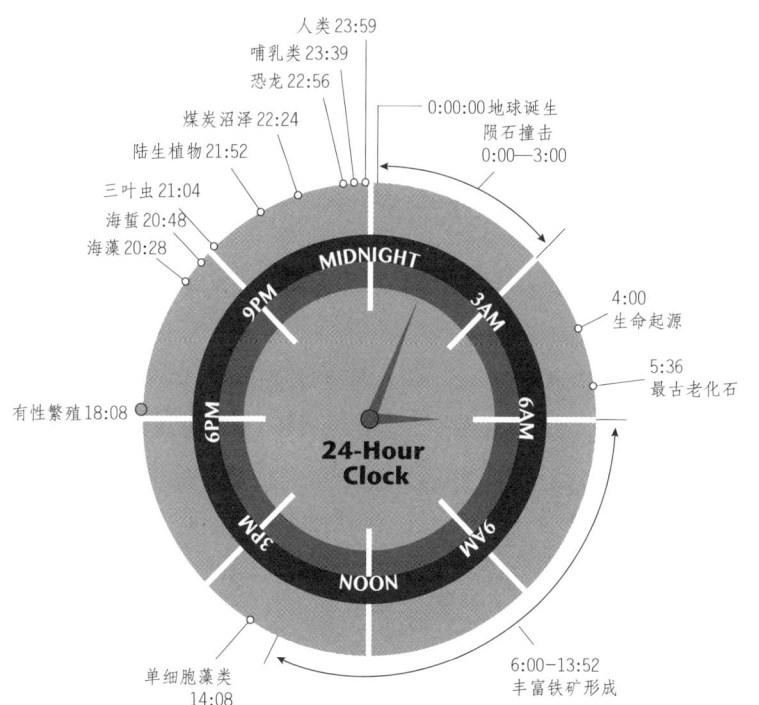

24 小时框架下地球的生命进化

时框架下就是最后的半小时以内,即为 23:40。人类出现在地球上,则已经差不多是最后约 1 分钟了。

人类文明在"全新世"有 11700 年,在 24 小时框架下相当于 2.2 秒,所以我们熟悉的"文明世界"在这 24 小时框架下只是"弹指之间"。

从冥古宙到元古宙

从地球开天辟地起,40亿~46亿年前的期间称为冥古宙(Hadean),这是比已知岩石更早的时期。在这地球形成的最初阶段,应该有过陨石撞击、高温、熔岩翻天覆地的淬炼,月球也在此期间形成。

目前尚未能确认此一时期的地表岩石,而地球上能够找到最老的矿物,则是在澳大利亚西部找到的锆英结晶,成分是硅酸锆($ZrSiO_4$),有43.7亿年之久。锆英结晶可耐数千度的高温,是经历了极高温的最老的晶矿遗迹。

25亿~40亿年前的这一时期称为太古宙(Archean),起始于约40亿年前的内太阳系重轰炸后期,已有可靠的最古老岩石记录的地质年代,一般是以高度变质的变质岩(Metamorphic Rock)为主。加拿大西北部找到的阿卡斯达片麻岩,已存在40.3亿年之久。

在格陵兰岛西南部最早的沉积岩伊苏阿绿石带发现了变质的铁镁质火山沉积岩,利用铀-铅锆石定年法分析得知,这种沉积岩距今37亿~38亿年。有研究团队认为该处有微生物或蓝绿藻堆砌构成的叠层石,不过事实上,古代的叠层石只有少数含有微生物化石,在尚不稳定的太古宙环境中出现生命仍有许多争议。比较可靠的证据是在澳大利亚西部的艾佩克斯燧石中发现的微生物化石,定年的结果是34.65亿年。

元古宙（Proterozoic）在 5.4 亿~25 亿年前，此时代的岩石已经十分普遍，而且已经出现细菌和低等蓝藻。元古宙最重要的环境大事，就是大气层中氧气的累积。因为太古宙环境基本上是无氧的，25 亿年前的大氧化事件（Great Oxidation Event）将太古宙以甲烷为主的还原性原始大气，转变为氧气丰富的氧化性大气，导致地球开启了持续 3 亿年的"休伦冰河时期"（The Huronian glaciation or Makganyene glaciation）。

大约 24 亿年前，海洋中开始出现丰富的亚铁离子，促使蓝绿藻进行光合作用而产生大量的氧气，这一时期被称为"大氧化事件"。这些氧来自蓝绿菌的光合作用，但当时氧化突然增加的原因仍不得而知。

大氧化事件使得地球上矿物的成分发生了变化，也导致日后动物的出现。但是氧气在一个无氧的环境中出现，是莫大的"环境灾难"，因为氧气对许多厌氧生物可是"极毒"之气，所以也有人用"氧气危机"，甚至"氧气浩劫"来形容当时的状况。

另一件元古宙生物圈的大事，就是细胞的进化。最早提出原核生物和真核生物概念的是法国的夏栋（Édouard Chatton, 1883~1947），最有名的则是美国生物学家马古利斯（Lynn Margulis, 1938~2011）于 1967 年提出了叶绿体和真核细胞中的线粒体是经由"内共生理论"（Endosymbiotic

Theory）形成的证据。1979年，顾尔德（G. W. Gould）和德林（G. J. Dring）也共同提出真核生物的细胞核可以由格兰氏阳性菌（Gram Positive Bacteria）形成芽孢。在20世纪末，细菌的内共生已经成了十分普遍的学说。

在化石方面的证据，澳大利亚的苦泉（Bitter Springs）中有最早的真核细胞化石，这些化石约有12亿年之久。有些分子生物学家用DNA序列回推进化时钟（Molecular Clock），推测大约在20亿年前可能就出现了真核生物。艾克里塔许（Acritarchs）的细菌化石距今约有16.5亿年，格里帕尼亚（Grypania）藻类距今约有21亿年，有些丛枝形的菌类则有22亿年之久。整体而言，真核生物的起源有可能更早，但是成为地球上主要的生命形式，可能要晚至距今8亿年之后。

寒武纪生命大爆发

显生宙（Phanerozoic Eon）是5.41亿年前延续至今的时期，是一些较高等的生物开始大量出现的世代，包括古生代（Palaeozoic Era）、中生代（Mesozoic Era）和新生代（Cenozoic Era）。

古生代开始于5.42亿±30万年前，结束于2.51亿±40万年前，包括6个纪（Period），即寒武纪（Cambrian）、奥陶纪（Ordovician）、志留纪（Silurian）、泥盆纪（Devonian）、石炭纪（Carboniferous）、二叠纪（Permian）。寒武纪、奥

陶纪和志留纪为早古生代,泥盆纪、石炭纪和二叠纪则为晚古生代。

伯吉斯页岩(Burgess Shale)的名称来自伯吉斯通道,位于加拿大英属哥伦比亚的落基山脉。黑色的页岩形成于寒武纪中期,寒武纪是显生宙的开始,在4.85亿~5.41亿年前。

英国威尔斯是最早被研究的寒武纪地层,其地层年代大约为5.05亿年前。在加拿大幽鹤国家公园(Yoho National Park)的伯吉斯页岩中,含有保存状态极佳的化石床。页岩中的动物相极具科学价值,其中的化石有极少见的生痕化石,也有已经石化的骨骼。

这些化石最早是在1909年由美国古生物学家沃尔科特(Charles Doolittle Walcott, 1850~1927)发现。沃尔科特曾担任史密森尼博物馆馆长,他每年都会到伯吉斯的采石场收集样本。到了1924年,74岁的沃尔科特已经收集了65000件样本。沃尔科特注意到许多像是节肢动物(Arthropod)的微化石,都是新的独有物种。

1962年,西蒙内塔(Alberto Simonetta)重启调查沃尔科特留下的东西,才注意到沃尔科特只触及伯吉斯页岩化石的皮毛。也是在那时,才有人注意到化石中的生物根本无法依照已知的现有生物分类。

最近的研究结果,更证明其中许多是全新的动物门(Animal Phyla)。即使在21世纪,有些无脊椎动物(Inver-

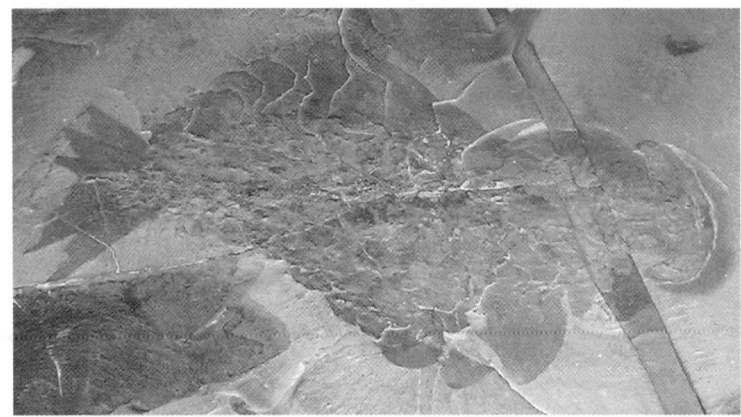

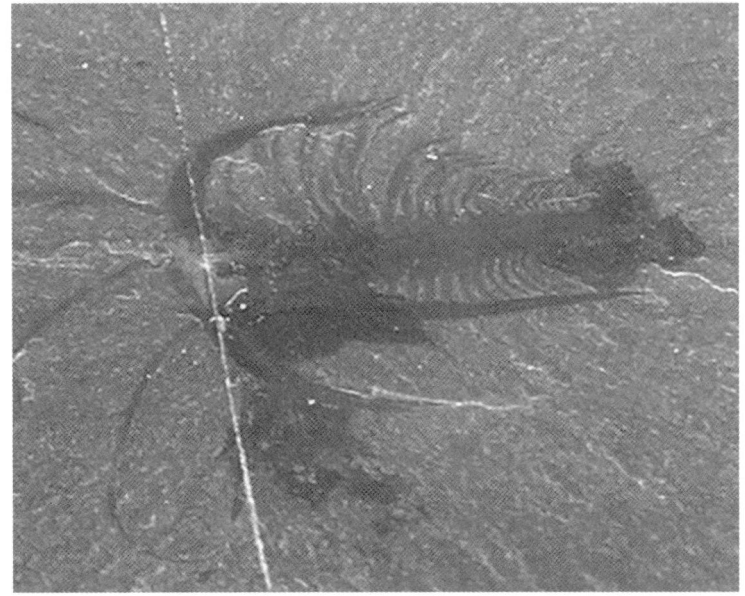

伯吉斯页岩中的寒武纪生物化石

tebrates）的化石还无法被分类。显然在 5 亿年前的寒武纪，曾经发生过海洋中较高等生物的大量诞生事件。

1984 年，在中国的云南澄江县也发现了保存十分完整的澄江古生物化石群，其年代距今有 5.20 亿~5.25 亿年。整理的结果共涵盖了 16 个门类、200 余个物种的化石。由于化石埋藏地质条件十分特殊，不但保存了生物骨骼化石，更保存了非常清晰罕见的生痕化石。

中国科学院南京地质古生物研究所的侯先光研究员，在澄江县帽天山的页岩地发现了纳罗虫（Naraoia）的化石，这是海洋中的一种节肢动物，长 2~4.5 厘米，生存在寒武纪到志留纪。这是世界上第二个寒武纪生命大爆发的遗迹，实际的时间比伯吉斯页岩化石还要早 1000 万年以上。

这种海洋中大量出现生命的情况，一些人认为地球上所有的生物是在七日内由上帝所创造出来，这就是所谓的"创造论"（Creationism）。但如此解释在极短的时间内，地球上突然出现了大量的、多种类的生命，基本上就是卓姆斯基所说的，将不解的问题归入"神秘"，只有愕然的惊叹，没有悟性理解的突破。

科学家根据化石资料得知，寒武纪生命大爆发的沉积化石群可追溯到 5.41 亿年前，几乎所有重要的动物门都在这很短的 1300 万~2500 万年内出现了。在 46 亿年的自然史上，这种几乎是"转眼"或"瞬间"的短时间内发生的大量较高等动物的多样性，是极为少见的例子，也导致了大多数现代动物门的发散。此外，该事件前后的生物复杂度也相差甚大。

动物界的"门"（Phylum）是生物分类法中的一级，位于界（Kingdom）和纲（Class）之间，有时在门下也分亚门。目前动物界有35个门，植物界则有15个门，真菌界有7个门。现有的系统发生学就是研究不同门生物间的关系。

寒武纪生命大爆发之前的生物体，大多为单细胞生物或是菌落，但之后的生物体却和现在的海洋动物颇为相像，生物的多和变异程度也与现今相似。这究竟是化石信息不足，还是寒武纪当时环境或是生物本身的因素所致，至今尚无定论。有人提出盘古大陆"超级大山"的形成和毁灭，可能是导致生命剧变的原因。

无论如何，寒武纪生命大爆发开创了显生宙，记载了古代生物史上生命爆发极为精彩的一页。

鱼类出现、两栖动物登陆

早古生代是海洋无脊椎动物最繁盛的时代，主要古生物包括三叶虫（Trilobite）、珊瑚（Coral）、海绵动物（Sponge Animal）、苔藓虫（Moss）、腕足类（Brachiopods）、笔石类（Graptolite）、水母（Jellyfish）、海百合（Sea Lily）等。早古生代后期开始出现了鱼类。到了早古生代末期，原始植物，例如海边生存的半陆生低等植物已经开始登陆。晚古生代时，海洋中的无脊椎动物仍然相当繁盛，但脊椎动物（Vertebrates）才刚出现。

早古生代晚期出现的鱼类，在泥盆纪时期最为繁盛，其生存时间为3.59亿~4.19亿年前。在泥盆纪晚期，约3.7亿年前，逐渐出现原始型的两栖类动物，开始了海洋中动物登上陆地的壮举。

在3.45亿~3.6亿年前的石炭纪，为两栖类最繁盛的时期。石炭纪的中晚期开始出现原始的爬行类动物。在2.52亿~2.99亿年前的二叠纪时期，爬行动物有了进一步的发展。

晚古生代时，陆生植物群已经有了蓬勃的发展，成为当时的另一个显著特征，这一时期出现的主要为蕨类孢子植物。泥盆纪时期开始出现小型森林。到了石炭纪及二叠纪时，各种高大的木本类植物如蕨类（Fern）、石松类（Lycophyte）、种子蕨（Pteridospermatophyta）及真蕨类（Filicinae）等开始形成茂盛的森林，这有可能成为往后一部分煤层的来源。

中生代与恐龙王国

中生代（Mesozoic Era）是显生宙的第二个阶段，意大利地质学家阿迪诺（Giovanni Arduino, 1714~1795）起初称其为第二纪，时间为2.53亿年前，可分为3个纪：三叠纪（Triassic，2.01亿~2.52亿年前）、侏罗纪（Jurassic，1.45亿~2.01亿年）和白垩纪（Cretaceous，6600万~1.45亿年）。

板块活动在这个时期极为活跃。大约 2.45 亿年前，在新元古代到侏罗纪前期（1.83 亿~5.73 亿年前），罗迪尼亚大陆（Rodinia）分裂出冈瓦纳大陆（Gondwana）和劳亚大陆（Laurasia）。它们在三叠纪时又集结在一起，形成盘古大陆（Pangu）。大约在侏罗纪的中叶，约 1.8 亿年前，陆地逐渐分裂成现今五大洲、七大洋的局面。由于板块运动不会停止，预计 2.5 亿年后，陆地将会再次集结成一块超级大陆！

中生代是恐龙及其他爬行动物空前的繁盛时期，生物进化在这个阶段随着陆地、海洋的改变，也是格外蓬勃，如草食性的雷龙、梁龙，身躯庞大，可长达 30 米、重达 60 吨。在这个时期也身体强壮且庞大但十分灵活的肉食性恐龙，如霸王龙。此时，不仅陆地上有恐龙，海洋中也有鱼龙、蛇颈龙、沧龙等动物，天空中还有翼龙，生物多样性十分可观。许多专家甚至认为，白垩纪之后的许多恐龙可能是恒温动物。

好莱坞极尽能事地把古生物学家在近半世纪获得的恐龙知识都搬上了银幕。天有不测风云，如此兴盛的恐龙王国竟然也抵不住天外飞来的横祸，可见生命的进化没有必然，只有偶然！

中生代时期，鸟类、小型哺乳动物都开始逐渐发展起来。无脊椎动物中，以菊石、箭石类等软体动物最为显著。中生代末期是地球上生物进化的巨大变革时期之一，原来极其繁盛的恐龙等爬行动物在中生代末期突然几乎全部灭绝，海洋中盛极一时的菊石、箭石等软体动物也几乎同时灭绝。而中生代晚期逐渐进化的哺乳动物及鸟类，由于适应性较强，就逐渐占领了恐龙让出来的生存空间。

新生代的鸟类与哺乳动物

新生代（Cenozoic Era）是哺乳动物最为发达的时期，其中的绝大部分动物生活在陆地上，但也有些生活在海洋中，如鲸鱼、海豚等。当然，也有生活在空中的哺乳动物，如翼手类的蝙蝠。新生代晚期开始出现人类。新生代的植物则是以被子植物（Angiosperms）为主。

新生代常常被认为是哺乳动物和鸟类的王国，分成第三纪，即古近纪（Paleogene，2303万~6550万年前）和新近纪（Neogene，258万~2303万年前），以及第四纪（Quarternary，258万年前至今）。

在大陆板块进入现在的位置前，古近纪时的澳大利亚脱离了南极板块向北移动；印度板块与欧亚板块接合，形成南亚次大陆；欧亚板块与北美板块之间出现白令陆桥；北美与南美以巴拿马地峡连接，这样陆生动物就可以往来迁徙。阿拉伯半岛与非洲分手，却与亚洲相连；世界上的高山譬如阿尔卑斯山脉、阿特拉斯山脉、喜马拉雅山脉、落基山脉、安第斯山脉都于新近纪形成。

古近纪的结束是由于古新世（Paleocene）到始新世

（Eocene）的极热事件，或称为第一次始新世（Pleistocene）极热事件。古新世是古近纪的最后（第三）世，始新世是新近纪的第一个世代。所谓极热事件，是全球变暖造成平均温度升高了 5~8℃。测定的方式是利用全球海、陆的碳酸盐和有机碳中碳的稳定同位素的比较。一般认为，大气中含碳元素的二氧化碳和甲烷异常的增加造成了全球变暖。也有科学家认为，全球变暖和当时北大西洋火成岩区的火山作用和隆起有关。

第四纪的出现，则是根据米兰科维奇循环（Milutin Milankovitch Cycles）所定出的地质年代。这时候已经有人类出现在非洲大陆了。第四纪分成两个世，11700~258 万年前的更新世（Pleistocene），以及目前智人活跃的全新世（Holocene，11700 年前至今）。

更新世的气候明显变冷，从南极冰芯中测得大气的二氧化碳浓度，可以知道冰期和间冰期的交替，造成欧洲在最近的 80 万年中发生过大约 10 年一循环的低温，这与人类的进化或许有着难以分割的关系。

智人出现的时间可能远早于 30 万年前，其间至少要走过两次主要的冰期，才能成就今天的文明。所以，说我们是"冰河之子"一点儿也不为过。

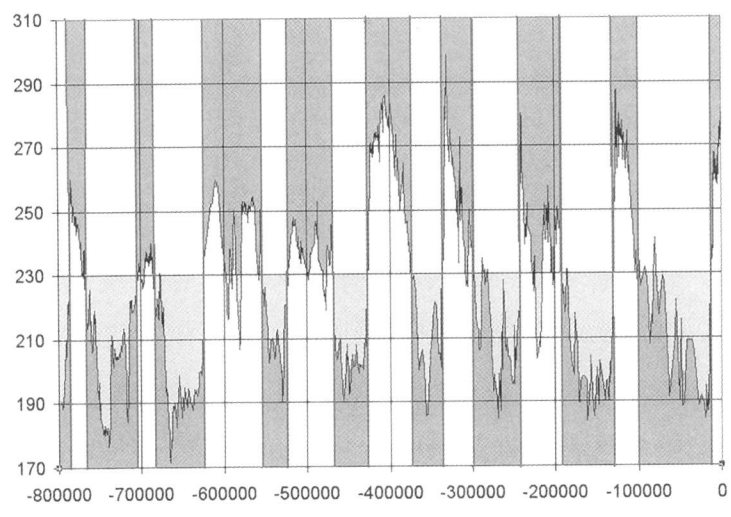

最近 80 万年的地球温度的变化

第 2 节　第六次生物大灭绝

　　地球历史上曾经有 5 次全球性的生物大灭绝，而一些生态学家认为我们正处在"第六次生物大灭绝"中。自然环境显示，如今物种消失的速率远远超过了物种自然消失的速率。至于单一灭绝的物种，还是要通过直接的观察和统计，或是化石的考古来认定。

古生代至中生代生物大灭绝事件

　　生物的大灭绝，在地球亘古以来的历史中绝非仅有的事件。古生代就有过 3 次大灭绝事件。最早的一次是奥陶纪 -

志留纪灭绝事件，距今 4.3 亿~4.5 亿年，造成了 85% 的物种灭绝。根据化石资料显示，当时的腕足动物、苔藓动物、头足类动物、三叶虫、笔石、珊瑚、滤食型蜉蝣生物等都大量减少。肇因或可能是冈瓦纳大陆快速进入冰期，使得海水温度骤降。

第二次是晚泥盆纪灭绝事件，发生在 3.6 亿~3.76 亿年前，有 70% 的物种灭绝。此期间比较严重的有凯尔瓦赛事件（Kellwasser event），造成海洋中的生物大量灭绝。另有罕根堡事件（Hangenberg event），可以在地层中找到砂岩沉积覆盖的黑色缺氧页岩层，是泥盆纪与石炭纪的地质分界，其间海洋里、陆地上都有生物灭绝。生物大灭绝发生的可能原因很多，诸如全球寒化、海底火山喷发、海平面变化、海洋缺氧、冈瓦纳大陆漂向南极或天体撞击等都不能排除。

地球历史上最严重的一次是二叠纪到三叠纪之间的灭绝事件，简称 P-Tr 或 P-T 事件。时间大约在 2.52 亿年前，这次的事件分隔了地质学上的二叠纪和三叠纪，也是古生代和中生代的分水岭。96% 的海洋物种以及陆地上 70% 的脊椎动物，在此次事件中灭绝了。此外这次事件也是历史上最大量的昆虫灭绝事件，所以也有人称此事件为"大死亡"。

这次事件发生的原因，可能是陨石或小行星的撞击地球、火山爆发、气候变迁，或是海底释放出了大量甲烷气体。在德国作家施茨廷（Frank Schatzing）在 2004 年所写的惊悚科幻小说《群》中提到：甲烷在海棚下在低温高压的环境下形成的混合体，称为水合甲烷（Methane hydrate），它们在压力下降或温度上升时可能气化，即甲烷气体大爆发。或许作者就是以 P-T 灭绝事件作为灵感来源。

大灭绝时期过去后，空出来的生存空间可能很快有新的物种补上。当环境合适时，某些生物丧失的生存机会，常常会成为其他适应生物生存发展的契机。

中生代有两次大灭绝事件。三叠纪-侏罗纪灭绝事件也称"末三叠纪灭绝"，是三叠纪和侏罗纪的分野岭，时间在 2.013 亿年前。这时，在地球上生存了 3 亿年的牙形石纲动物消失殆尽，23%~34% 的海洋动物消失了，陆地上的主龙形下纲（Archosauromorpha）、鳄形超目（Crocodylomorpha）、翼龙目（Pterosauria）下的动物都灭绝了。消失的还有坚蜥目（Aetosauria）、植龙目（Phytosauria）、劳氏鳄科（Rauisuchidae）下的恐龙，一些剩下的兽孔目（Terapsida）和大型离片椎目（Temnospondyll）等两栖动物在侏罗纪之前就灭绝了。

此次灭绝事件发生的原因，可能有气候变迁、海平面异动、突发的海洋酸化等。生态环境踰越了平衡的边际，造成了生态环境的崩溃，于是物种灭绝像是倾圮的金字塔，一发不可收拾。

大众较为熟知的是白垩纪-古近纪灭绝事件，也就是地球上的第五次生物大灭绝。大约 6600 万年前的彗星撞击墨西哥尤卡坦半岛（Peninsula de Yucatan）。该半岛在位于中美洲北部、墨西哥东南部，墨西哥湾和加勒比海之间，东靠加勒比海，西临墨西哥湾和坎佩切湾。这次撞击造成的希克苏鲁伯陨石坑（Chicxulub Crator），平均直径约有180千米，是地球表面最大的撞击地形。

在这次的生物大灭绝事件中，所有的沧龙科、蛇颈龙目、翼龙目恐龙，以及菊石亚纲动物和多种植物都灭绝了。哺乳动物和鸟类反而得以幸运存活而且进化，成为新生代的优势物种。

人类引以自傲的科技文明迎来了人类世，却疏忽了人类正在制造大自然中第六次生物大灭绝，这也是第一次非自然原因的生物多样性快速消失事件！

目前地球上有1000万~1400万个物种，其消失速率是物种自然灭绝速率的100~1000倍。

大量快速消失的物种

物种在正常时期的灭绝发生率称为"背景灭绝率"，这是很难计算出来的数据，必须结合所有的化石数据库，并且要做长期的追踪。

每个生物族群的背景灭绝率都不一样，通常是以每年100万个物种当中有多少个物种灭绝来表示。以哺乳动物为例，大约每年100万个物种会发生0.25次的灭绝事件。换句话说，世界上大约有 5500 种哺乳动物，在背景灭绝率下，每 700 年会有一种哺乳动物消失，一个人的一生应该很难注意到这种改变。

但是现在生物种类中约有 28% 的濒危物种，在 21 世纪结束前，包括全世界的大型哺乳动物可能都会面临危急存亡之秋，这样的概率不可谓不高。

科尔伯特（Elizabeth Kollbert, 1961~）在她 2014 年出版的《第六次大灭绝，不自然的历史》一书中强调："第六次生物大灭绝事件如果发生，极可能是人类造成的。"最可能的因素是，人类侵犯了其他物种的栖息地。

海洋酸化

科尔伯特的书中记录了许多考古学家第一手的研究结果。以那不勒斯附近火山口周边海域的调查为例，藤壶、贻贝、珊瑚藻、颗石藻、龙骨虫、珊瑚、海螺、魁蛤、海绵、鲷鱼、海胆等都在减少或消失。尤其是海水 pH 值为 7.8 的海域，69 种动物、51 种植物中约有 1/3 都不见了。

海洋酸化是二氧化碳浓度快速上升的直接结果，人类大量燃烧煤与石油等化石燃料，无疑是将自然蕴藏的碳快速释放到地表环境中。专家指出：二战后的二氧化碳排放速率在空前地加速上升。当今的全球变暖，比起更新世每一个冰期后的暖化速度，起码快了一个数量级。地球已经有上千万年没有现在这么热了，可能连进化都忘了如何选择能够耐热的基因。如果耐热的基因已经消失，生命已经没有这样的特质，那对人类就是真正的噩耗。

7.8 的 pH 值或许是海洋生态的酸度临界点，超过此临界点，3/4 的消失物种会是钙化生物。海洋酸化会严重改变海水及其中的生态环境，譬如光线穿透海水的透光度影响海藻的生存；声音传播的情形将使得海洋更嘈杂；溶解性的金属化合物也会改变；钙化生物如海星、海胆、蛤蜊、牡蛎、藤壶、珊瑚等会因为缺钙而大受影响，以及造礁珊瑚的白化现象——珊瑚虫集体死亡，会使得依靠珊瑚生存的生物大幅减少。珊瑚一旦消失，海洋生态系统必然受影响。

珊瑚是除人类以外会建造庞大"公共工程"的生命体，例如绵延超过 2600 千米的大堡礁，最厚的地方有 150 米，这种规模即使是人类最大的工程都望尘莫及。珊瑚礁为数百万种海洋生物提供了共同生存或赖以捕食的环境，是海洋"撒哈拉沙漠里的雨林"。这样的依存关系也许已经延续了许多个地质年代，却可能在这个世纪惨遭大幅损毁。

大气科学家卡尔代拉（Ken Caldeira）是"海洋酸化"一词的创始人，他认为未来几个世纪的海洋酸化程度，可能造成的影响程度会超过过去数亿年。

实验还显示：生活在北极，看起来像是长了翅膀的海螺，以及对海水酸度非常敏感的翼足类海蝴蝶也会濒临危机。海蝴蝶是鲱鱼、鲑鱼、鲸等的重要食物，海水变酸，食物链必然受影响。而钙化生物如笠贝的壳，甚至会出现破洞。此外，1/3 的造礁珊瑚、1/3 的软体动物、1/3 的鲨鱼及𫚉鱼都将消失。而某些增加的物种，譬如浮游生物，它们会消耗掉更多养分，使食物链上层的生物大受影响。

热带雨林的消失

除了海洋外，严重影响生物多样性的原因还有热带雨林的减少。低纬度的雨林是地表生物多样性最丰富的地方，而亚马孙热带雨林因为人类过度开垦，兴起了"破碎森林生物动态研究计划"（Biological Dynamics of Forest Fragments Project）。这是世界上规模最大、时间最长的实验之一。

1970 年代巴西政府开始鼓励发展农牧业，那时就规定亚马孙地区必须让至少一半的森林维持原状，并说服农场主人让科学家决定哪些树要留下来。于是，许多方块形的"森林群岛"就成为森林保留区，让生态学家在那里进行收集物种数量的研究。

地球上没有冰的 1.3 亿平方千米的陆地，已经开发了 7000 万平方千米。真正杳无人迹的"荒地"只有沙漠、西伯利亚、加拿大北部和亚马孙河流域，总面积只有 3000 万平方千米，这还没有考虑到许多人为管线穿越对这些"荒地"的影响。

"破碎森林生物动态研究计划"发现：破碎森林的生物多样性随着时间不断下降，尽管丛林中的生物多样性丰富，但是局部地区的生物灭绝可能演变成区域的生物灭绝，最后成为全球性生物灭绝。亚马孙的土地垦伐影响到大气环流，破坏雨林不仅造成"林"的消失，也可能导致"雨"的消失。

生物多样性之父威尔逊（E. O. Wilson）和昆虫学家欧文（Terry Erwin）都曾经估算过，破碎森林中昆虫的灭绝率可能比背景灭绝率高出了1万倍！这个数字令人难以置信，当然统计的结果可能没有考虑到灭绝发生所需要的时间，而昆虫的灭绝率也可能不同于其他生物的灭绝率。

科学家在全球的研究结果发现，对环境最敏感的两栖动物和昆虫，如蛙类与蜜蜂，几乎都在快速消失中。两栖动物在3.7亿年前，就从海洋中率先登上陆地，生命十分顽强，但如今它们可能是世界上灭绝危机最严重的动物。据估计，两栖动物的灭绝率可能比背景灭绝率高出了4.5万倍。

此外，受到影响的物种包括植物，以及哺乳动物、鸟类、爬虫类、鱼类、无脊椎动物等。据统计，1/4的哺乳动物、1/5的爬虫类，以及1/6的鸟类，也正无奈地踏上灭绝之路。这些不仅发生在森林中、深海中，也发生在我们居住的城市中。

第 3 节　居维叶与莱尔主张的漫长地质时间

法国的博物学家居维叶（Jean Léopold Nicolas Frédéric Cuvier, 1769~1832）是 17~18 世纪天才型的古生物学家，人称"古生物学之父"，是 19 世纪巴黎科学界的名人。他不仅是比较解剖学和古生物学领域的开山鼻祖，也为脊椎动物古生物学立下了扎实的基础。

居维叶曾经多次指出：有些化石譬如侏儒象，不属于当时存在的生物，而应该是已经灭绝的生物。这个想法在当时的欧洲简直是不可思议，但是居维叶凭着对化石敏锐的观察力、超强的分析比较能力，以及跨时代的世界观，敢于铁口直断。

当时，人们普遍还不具有生物会灭绝的概念。在教会保守的引导下，大多数人认为地球的历史只有数千年，眼中所见的生物都是上帝创造的。

居维叶说："为什么人们看不出来，单单是化石就可以产生一个地球形成的理论。如果不是这些化石，没有人能够联想到地球是由一连串接续的世代所形成的。"这真是一个跨时代的概念！居维叶能见常人所未见，敢跨越世人传统想法的界线，开启新思维的扉页。在自然界真实的情况中，灭绝才是常态，要生存就必须有强大的环境适应能力，同时把握天择的微小机会。

今天幼儿园里的小娃儿在看到恐龙的图片时，大概很难想象这些恐龙仍然和我们生活在同一个世代的空间里。大家讲起生物灭绝，像是一件十分普通的事，甚至忽略了第六次生物大灭绝可能正在我们身处的人类世发生。

18~19世纪，英国的莱尔（Charles Lyell, 1797~1875）继承了英国地质学家赫顿（James Hutton, 1726~1797）的思维，在他的《地质学原理》中提出了"均变说"。他主张地球是在长期缓慢的过程中变化，这种想法和居维叶主张地球是由许多短期突然严重的灾变塑造而成的"灾难说"颇为不同，却各有所长。

莱尔的理论仍然是为了阐明，自然的所发生的"漫长连续变化"，他致力于探究这些变化的原因和影响，以及其形塑地球表面和外在构造的作用，被称为"现代地质学之父"。

莱尔的书让许多读者得以真正认识"地质时间"的内涵。达尔文在小猎犬号上面航向南美洲时，就带了这本书，这显然对达尔文有十分深刻的启发。达尔文在《物种源起》中说："天择是不断地准备随时行动的力量，大自然的作为相比于人为的艺术，是远远超乎其上且更优于人类无谓的努力。"

适应环境是生态系统中最真实残酷的蛮荒游戏。地球上曾经有过50亿个物种，在35亿年的漫长岁月中，超过99.9%的物种都已经灭绝。生物灭绝是自然的常态，自然的永续不是为了某一种或几种的生物而存在，任何面对进化的生物都必须学会谦卑。

进化并不神秘。相反地，进化的超然度量完全透明公正。在进化的面前，天择只问生物是否适应环境，没有强弱美丑的偏颇喜好。食物链顶端的物种是最脆弱的一群：21世纪中期，可能海洋中不再有大鱼可吃；21世纪末期，地球上除了少数能够与人类混居的动物，可能不再有野生的大型哺乳动物。老虎、狮子、大象、棕熊、北极熊、猩猩等大型哺乳动物，都可能因为失去栖息地而灭绝。

若有人狂妄地认为，人类有满遍天下的几十亿数量，想必是上天选择最适于生存的万物之灵。这就太不了解进化的智慧，正隐藏在其悠长的时间洪流中。恐龙在地球上生活了1.8亿年，曾经何止有数千个属，挺过好几次生物大灭绝，最后仍在白垩纪的大灭绝事件中全然消失。人类只在地球上生存了约30万年，并用了1万年的时间创造了文明，何德何能敢说自己是最适合生存的物种呢？

在进化的舞台上，没有最适合，只有更适合。人类虽然遍布全球，但能维持多久的盛景却很难说。外星移民尚非必然，在进化的面前，生存仍然只是偶然！

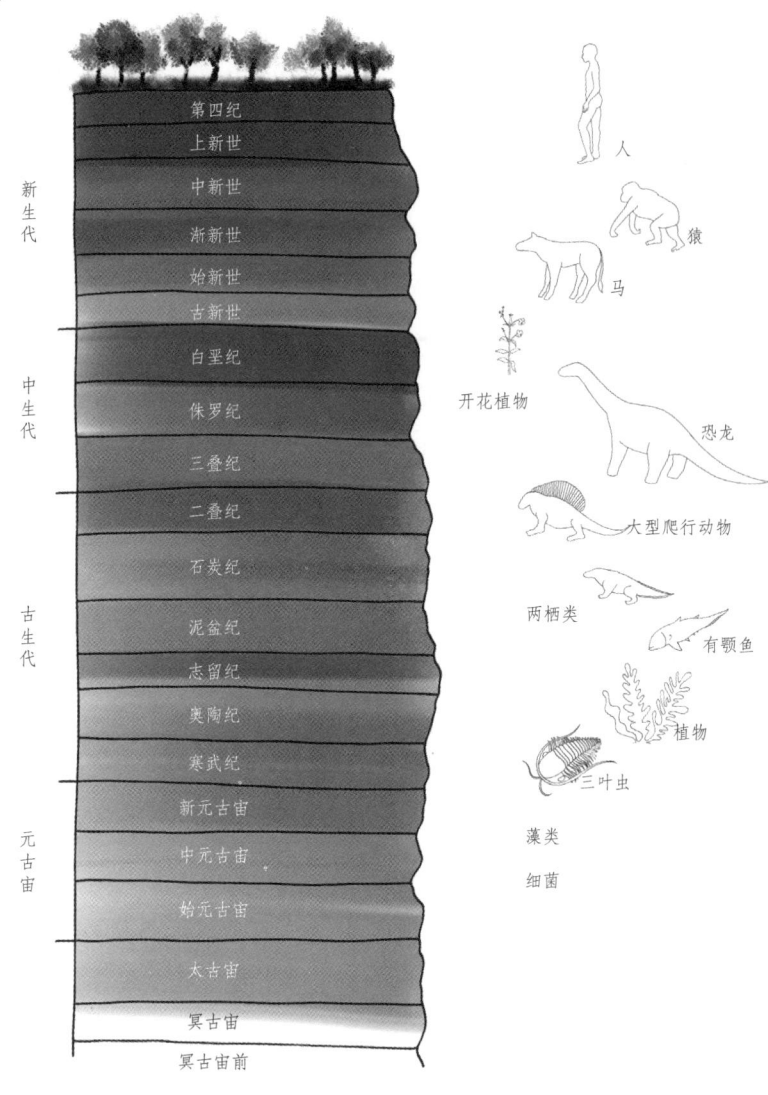

考古学发现从冥古宙、太古宙到元古宙，地球开始有了细菌和藻类。地质年代和生物化石的双轨尺标共同建构了自然史
（绘图：Becky Chen）

第五章

人类的兴起

——人类如何遍布全球的每一个角落？

1998年，我前往东华大学担任客座教授，其间巧逢世界上最顶尖的黑猩猩专家古德（Jane Goodal, 1934~）受邀到慈济大学演讲。世界知名的考古人类学家李奇（Louis Leakey, 1903~1972）曾经亲自推荐古德赴坦桑尼亚研究黑猩猩，她后来在非洲专攻黑猩猩的家庭和社会关系。

古德远赴非洲研究自然环境中的黑猩猩，发现不同族群的黑猩猩能学习使用各自的工具、以不同的技巧觅食，譬如用石头砸开坚果的壳，取食核仁，或是将修整过的树枝伸入树洞取食白蚁。事实上，除了人类以外，黑猩猩是能使用最多工具的物种，有些黑猩猩甚至可以学会超过200个的英文单词或手语。

古德来访的目的之一，是向青少年推广"根与芽"（Roots & Shoots）生态环保运动。当时我正巧读了彼得生和古德合著的《黑猩猩的悲歌——从莎士比亚的暴风雨看人猿关系》，对古德十分仰慕。

演讲开幕时，古德以嘹亮的黑猩猩打招呼式的呼吼声，嘟着嘴唇走上演讲舞台："呜喔——喔——喔喔喔喔！"这个入场式十分震慑人心，她说："也许你们听不懂，但这就是黑猩猩打招呼时用的语言。"

黑猩猩的基因和我们相差不到2%，它们有家庭、有社会，性情不算暴虐，但也有冲突，并会学习使用简单的工具，有自己的语言，能沟通、会思考，有一定的心灵意识。虽然人类自命为万物之灵,以为一切禽兽非我族类,但黑猩猩和我们的确十分相似。

在古德书中的序言有这么一段话:"直到最近,我们才开始看清'人'在整个生物史上的地位。'人'一向认为自己和其他动物的界线是无法跨越的,但是这种想法已逐步被最近的研究推翻了。我们和黑猩猩拥有98%以上的共同基因,它们是人类最亲密的动物兄弟。了解黑猩猩,方能寻得人类在生物世界的真正位置。"

第1节 人类的进化

从人猿到猿人

6600万年前,恐龙的灭绝开启了哺乳动物的生存契机,灵长类动物也开始在地球上有了一席之地。大约在2500万年前,新生代的渐新世(Oligocene)和中新世(Miocene)之交,类人猿从旧世界猴分出,走上了非洲和亚洲的进化舞台。今天仍然存在的猿类可分小猿和大猿,前者如长臂猿,最早大约是在1800万年前分出,如今分布在孟加拉国、北印度、中国南方、印度尼西亚等地。

和人类比较接近的大猿,则在1400万年前分出,如出现在东南亚,被称为婆罗洲猩猩(Pongo Pygmaeus)的红毛猩猩。大猩猩(Gorilla)则出现于700万年前,有四五个亚种。

黑猩猩（Chimpanzee）出现于300万~500万年前，栖居在西非的雨林中。侏儒黑猩猩（Pygmy chimpanzee）又称为巴诺布猿，则可能出现于150万~200万年前刚果河形成之时。

人类传奇

1200万年前，东非北部（位于现今坦桑尼亚），形成了奥杜瓦伊峡谷（Olduvai Gorge），这个天然屏障是人和猿分道扬镳的关键，被称为"人类的摇篮"。峡谷的西方依然是茂密湿润的森林，生物不需做出太大的改变来适应。但峡谷以东的区域，则由于降雨量渐次减少，林地消失，出现了草原。大部分猿类族群因而灭绝，其中一小部分猿类适应了新环境，学会用两脚直立在地上活动。

700万~800万年前，孕育了一类大型的，勉强以双足着地、双手作辅助的灵长类动物，这是人科动物一个已灭绝的物种，体形介于猿类和人类之间，被称为古猿，只分布于非洲大陆的南部，故名为南方古猿（Australopithecus）。

现在已知最早的南方古猿早于600万年前。古猿物种的脑容量很小，雄性个体的大脑明显比雌性个体的大。1974年，美国克利夫兰自然历史博物馆的古人类学家约翰森（Donald Carl Johanson, 1943~）在埃塞俄比亚阿法尔三角洲（Alfa triangle）的哈达（Hada）挖出一副相当完整的年轻雌性南方古猿骸骨——AL288-1，后昵称为"露西"（Lucy）。

这个标本具有约40%的阿法南方古猿（Australopithecus afarensis Laetolil）骨架，由于骨骼较为完整，为古人类学研究提供了大量科学证据，并因此确定南方古猿的行走形式：以两足直立，步履蹒跚。科学家通过分析她的肩胛骨及臂骨发现，南方古猿仍保持了灵长类远祖的攀援特征。之后发现的非洲南方古猿，推测其平均身高为145厘米，雄性平均体重为65千克，雌性平均体重为35千克，脑容量约为现代人的1/3。

能人（Homo hablis）出现于第四纪更新世之初，即180万~250万年前，是人科人属下的一个物种，其化石由英国的玛丽·利基和路易斯·利基（Mary Leakey, Louis Leakey）夫妇于1962~1964年期间，于东非的奥杜瓦伊峡谷找到。

能人是灵长目中第一种被认为属于人类的物种。从外观及骨骼特征来看，他们矮小、有不成比例的长臂、面部没有那么突出，在人属中最不像现代人，非常可能是南方古猿的后代，但也可能更早期就从南方古猿属中分支出来，或者各自由一个未知的更早期共同祖先发展而来。能人的颅骨容量略小于现代人，有590~650立方厘米，但是他们已经能制造最原始的石器工具，开启了旧石器时代，因此他们也有"巧人"之称。

匠人这一个全新的物种，于1984年在肯尼亚图尔卡纳湖附近被发现，定年的结果为160万年前。他的发现者是肯尼亚籍的古人类学家理查·立基（Richard Leakey, 1944~ ）和他的团队成员卡莫亚·基穆（Kamoya Kimeu）。值得一提的是，理查·立基是前面提到的路易斯·立基和玛丽·立基的儿子。

图尔卡纳男孩（Turkana boy）是化石 KNM-WT-15000 的昵称，是最完整的匠人（Homo ergaster）化石，体长160厘米。从他的牙齿可以看出他的年龄在8~11岁，骨盆和其他骨头也显示他是个年轻的男性。其长骨的两端尚未发育完全，所以还可以长高。如果长到成年，他应该可以有180厘米，是现代人以外最高的人种。

在外观上，匠人和南方古猿及能人都明显不同，除了身高的差异，他们的长腿表示他们主要靠双足活动。匠人的下巴小、牙齿小，表示其食物必然不同于同时期的其他人种。

匠人生活在东非洲的大草原上，那里气候十分温暖，导致他们的生活习惯与其他人种也有所不同。匠人懂得驱赶掠食动物，并发展出猎食采集的行为。

匠人的原意是"工作的人"，他们制作石器的技术比能人先进许多。他们最早制造手斧，甚至可能已经能够用火。匠人也被看作是非洲直立人，一些人认为他们可能是尼安德特人和现代人的祖先。能人可能是匠人的祖先，也可能和匠人有共同的祖先。匠人存在的时间在140万~190万年前，也可能延伸到100万年以内。

再往后接着进化出来的，就是非常接近现代人的直立人了。1891年荷兰人杜布瓦（Marie Eugene Francois Thomas Dubois, 1858~1940）在荷属印度尼西亚东爪哇省的梭罗河畔发现了一个人种的头盖骨及牙齿。在之后的两三年里，他还发现了股骨和臼齿。从股骨分析可知，该人种显然能直立行走，能制造石器，但仍然带有猿类特征，如头盖骨低平，眉骨粗壮，吻部前伸。同时，他们也有现代人特征，如可双足直立和脑容量比猿类大，属更新世中期的直立人，被命名为爪哇人。

直立人出现在更新世早期或中期，样本繁多。2001年在乔治亚德马尼西发现了乔治亚原人（Dmanisihomnins）的颅骨及颚骨化石，距今160万~180万年。蓝田人（Lantian man）距今约160万年。爪哇人（Java man）距今50万~160万年。中国猿人北京种，或称北京人（Peiking man）距今70万年。北京人的发现更进一步印证了爪哇人的可靠性，他们皆为直立人的成员。从最丰富的北京人遗址中，考古学家发现了近10万件石器制品和用火的痕迹，以及上百种动物化石。狩猎的结果使人类有肉食的倾向，从烧骨可得知，他们已有吃熟食的习惯。

元谋人（Yuanmou man）是1965年在中国云南元谋上那蚌村附近被发现的，共计左右门齿两颗，属于直立人化石。后来还发现了石器、炭屑和有人工痕迹的动物肢骨等。元谋人距今约为170万年，属于旧石器时代早期。

1990年代，在中国南京汤山葫芦洞出土的南京猿人，也称南京人（Nanjing man）中，南京猿人 I 号头骨为患病的成年女性的，距今58万~62万年；南京猿人 II 号头骨是壮年男性个体的，距今约30万年。

梭罗人（Solo man）是直立人的亚种（14.3万~54.6万年前）。1931~1933年，德国古生物学家孔尼华（Gustav Heinrich Ralph von Koenigswald, 1902~1982）在印度尼西亚爪哇岛上的梭罗河发现了距今10万~50万年的梭罗人化石。梭罗人的生存年代与海德堡人相当，和早期智人也有重叠。

托塔韦人（Tautavel man）大约是45万年前的人种，属于直立人的亚种，1969年在法国托塔韦的阿拉戈洞穴首次被发现。

直立人的特征与现代人的相差不远，脑容量有800~1300立方厘米。他们的前额没有那么斜，下颌的体积也较小，平均身高约有178厘米。

直立人承继了其先驱的生存技能，并且加以改良，懂得用火，也能像现代人一般奔跑，依照自己的意识制作石器，从颅骨的结构可以确定他们有语言的能力。

直立人的开枝散叶，留下不少考古记录，但是他们是否为现代人的祖先，目前仍有争议。

近代人类的进化

1927年,在北京周口店发现了几枚牙齿。1929年,在同一地点又发现了第一个较完整的头盖骨,这一发现震撼了整个人类学界。1920~1930年,在此地相继发现了更多的头盖骨、肢骨、下颚骨等。日本侵华战争爆发后,北京人的化石在秦皇岛失踪,至今去向仍然成谜。北京人的出现,让很多人抱持着中国人在亚洲可能是异源独立进化的人类。这种想法随着北京人的下落不明,一同坠入迷雾中。

海德堡人的化石于20世纪初在海德堡的茅尔区出土,所以也被称为茅尔1号(Mauer I)。他的牙齿十分完整,估计脑容量为1100~1400立方厘米,身高有180厘米,肌肉发达,与匠人十分类似。

依据考古学分析,海德堡人距今有64万年,常常被认为是最接近现代人的人种,可能是现代人的直接祖先。20世纪末,有人坚持认为他们是独立的一支,但因为只有一副下巴骨出土,所以考古界仍争议不断。

大体而言,海德堡人应该是直立人的后代,其石器制作技术已经颇为成熟。从遗留的动物骸骨分析,他们的食物应该包含许多大型哺乳动物,如鹿、象、犀牛以及马,而且已有使用石斧、石箭镞的技术,借此可以认为他们有相当不错的狩猎技能。海德堡人可能有埋葬先人的行为,但是没有发现壁画、手工制品等任何艺术品。

海德堡人的下颚骨

最原始的智人为尼安德特人（Homo Neanderthalensis），最早发现于德国尼安德特河流域的一个山洞，因而得名。尼安德特人最早可上溯到40万年前，他们是杂食性人种。尼安德特人的男性身高为165~168厘米，女性身高为152~156厘米，有强健的骨骼结构。他们比现代人更为强壮，尤其是手臂与手掌的部分，其他骨骼和现代人已十分相似。他们的脑容量甚至大于现代人，有的甚至超越1300立方厘米。

尼安德特人的骨骸多在洞穴中被发现，伴以大量的精巧石器制品、薄石片、骨针、动物化石和用火痕迹等。他们可能已经开始了穴居或半穴居生活，以火取暖和驱逐野兽，能用兽皮制的衣服蔽体。尼安德特人还发展出葬仪，年长的成员会将生活经验传授给后代，这表示他们已有文明递嬗的传统。

尼安德特人是否为智人的亚种，一直有争议。他们的直接考古记录中还没有3万年以内的数据，但是在直布罗陀半岛上，一些前早期智人或克罗马农人的遗迹保有尼安德特人的特征，显示两个基因库间因为杂交，而有基因渗入的现象。新的研究还发现在过去的2万年中，可能有携带尼安德特人基因的欧洲人迁回非洲。现代人增强免疫功能和抵御紫外线辐射的基因，或许就源自尼安德特人。

2010年，有研究发现非洲以外，包括欧洲、亚洲、美洲及大洋洲的大多数现代人的基因中，至少有1%~4%源自尼安德特人，而撒哈拉沙漠以南的非洲现代人则没有这些基因。由于东亚人及东南亚人，包括巴布亚人、美洲原住民身上都携带尼安德特人基因。但除了欧洲及中东以外的地区，未再发现尼安德特人的遗迹。因此学者推断，智人走出非洲时，在中东一带与尼安德特人相遇，并发生小规模融合混血，然后才迁移到世界各地。

2003年，在印度尼西亚的佛罗勒斯岛（Flores）上发现了一些人种的遗迹，这批人被称为佛罗勒斯人，最近的可追溯到1.2万年前。他们个子矮小，只有110厘米高，故被昵称为"哈比人"。他们的大脑只有380立方厘米，不过小脑子似乎并不影响他们的认知能力。

另外，2008年在西伯利亚阿尔泰山的丹尼索瓦洞穴，发现了一块指骨和一颗臼齿。DNA分析的结果显示，这是一位5~7岁的女孩儿，被称为丹尼索瓦人（Danisovan）。他们和尼安德特人有亲属关系，但是和现代人属不同支系。

还有研究发现，巴布亚新几内亚和美拉尼西亚人带有丹尼索瓦人基因。另一项研究则发现，藏人和雪巴人都带有丹尼索瓦人的高海拔基因。此外，藏人与汉人所有的特定基因片段，也来自丹尼索瓦人。重点是藏人与汉人在2750~5500年前就已分离，但丹尼索瓦人的化石定年分别为3万~5万年前，和11万年前、16万年前，这表示他们的确和现代人在数万年前就有重叠的时候，也有互相交往的机会。

科学家认为，现代人大约是在30万年前于非洲兴起。比较明确的证据有，2017年发表关于摩洛哥发现的手工品与遗骸，还有南非的弗洛里斯巴德头骨确定属于智人，定年的结果是25.9万年前。

早在1967年和1974年，理查·立基从埃塞俄比亚奥莫国家公园发现的奥莫遗骸，定年结果是19.6万年前。2019年的一份人类学家报告，在希腊南部的阿皮迪玛洞穴（Apidima Cave）找到的智人遗骸距今21万年。2019年较新的计算结果估计，智人出现在非洲的时间为26万~35万年前。

从直立人到尼安德特人、丹尼索瓦人和智人之间，似乎仍有考古学上的"遗失环节"，这就给了创造论者一些借口。在进化的过程中的确留下了许多问题，譬如直立人是如何成为现代人的？直立人是否为现代人的祖先？直立人为何会消失？直立人和印度尼西亚的佛罗勒斯人究竟有何关系？佛罗勒斯人为什么能存活那么长久，甚至超越强壮的尼安德特人，也超越了耐力超强的丹尼索瓦人？当然最重要的问题还是智人的优势是什么？

人属物种有什么特别之处？

现代人是人属（Homo）的一员，一般认为是由能人经直立人和早期智人进化而来的。人属物种拥有什么竞争优势呢？为什么只有早期的人属物种能够发展成现代人，而当时也生活在非洲的各种南方古猿却没有能够继续发展，反而走向了灭绝呢？

灵长类动物的根本差别，决定在大脑。所有的灵长类动物中，只有人类是直立行走的。用两脚站立、走路，这和大脑的进化有着密切的联系。人类最初开始直立，用两脚在草原上走路时，大脑比黑猩猩的大不了多少。经过几百万年的进化，如今现代人的大脑已经是黑猩猩的 3~4 倍大。

把黑猩猩、南方古猿（露西）和现代人的骨盆和大脑并列，可以清楚地看到特征上的差异。

从婴儿到成年期，黑猩猩的脑容量为 128~390 立方厘米；露西的为 162~415 立方厘米；现代人为 384~1350 立方厘米。

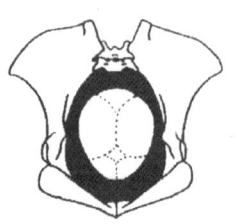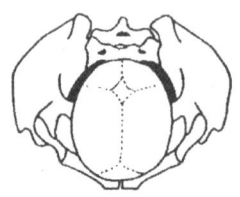

黑猩猩（左）、南方古猿（露西）（中）和现代人（右）的骨盆和颅骨的特征比较

黑猩猩的骨盆宽广且呈纵向发展，与大脑相同，自然分娩应该十分顺畅方便。露西因为直立行走，骨盆形状转为呈横向轴发展，所幸婴儿的头颅不至太大，自然分娩应该也过得去。从进化学角度看，人属的婴儿在自然分娩时，为避免胎儿过大，会倾向于"早产"；而且出生前必须在母体中转90度，这时就要避免脐带绕颈等突发状况。早前的"接生婆"行业，确实是因常发生难产应运而生。

早产造成软弱无助的婴儿期，需要完全依赖外来照顾。早产也使童年时期延长，因而有了独特的成长曲线。长时间的幼儿照顾，让人属物种的社会结构也发生了重要的改变。双亲共同照顾子女、亲人协助养育幼儿，都是进化出来的行为。

由于长期对营养的需要，肉食性增强。运动方式上有更强的适应能力，仅看现代人的极限运动趋势，就可以知道现代人有着十分奇特的大脑，好刺激、喜冒险、高度协调。

人属物种天生倾向制造工具，现代人出类拔萃的工具创新本事，是人类世出现的关键原因。此外，使用语言、发明文字，对抽象信息的理解能力与传递能力，也是现代人的特征。

现代人行使集体劳动、集体生活的行为，创造了畜牧业及农业。现代人更是有着强烈的意识、心灵和精神诉求。文化生活的发展，隐然可见有足够潜力超越生物遗传的影响。

第2节　DNA与人类大迁徙

自然界中能走遍五湖四海，分布到世界每一个角落的物种，只有人和蚂蚁。两种生物消耗的总能量也差可比拟。但不同的是，地球上的蚂蚁超过10000种，而人种却是单一的，两者的进化机制截然不同。

科学界一般认为，现代人出现于非洲，并在5万~10万年前迁移出非洲，是现在唯一遍布全球的人种。大致的迁徙趋势可参考下页的图。

从今天人类的亚种分布看来，人类的迁徙应该不是一次完成的，而是花了很长的时间，历经了漫长的过程。以属直立猿人的北京人为例,距今有70万~80万年,有没有后代都不知道。直立人的迁徙和进化时间太过久远,迁徙和进化极可能是独立的事件。大规模的迁徙是生存适应?还是文化行为?这是考古学上的大哉问。

生物的迁徙不是一件日光下经常发生的事。除了宠物或寄生生物,生物通常都有特定的栖息地。生命要更换栖息地,到底有什么动机?靠的是什么技能和装备?蚂蚁的广泛分布是异地异种平行进化的结果,而人类以一种一源向各地迁徙,这可不全是进化安排的戏码。

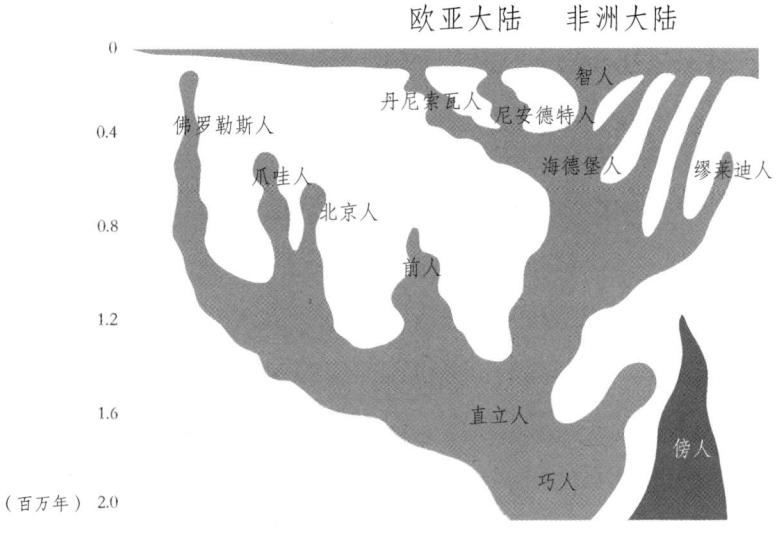

200万年以内人种的进化和迁徙趋势
(绘图:Becky Chen)

究竟是同时的一次迁徙？还是不同时的多次迁徙？是接续性的迁徙？还是独立的迁徙事件？为什么要迁徙？拖家带口地越洲跨海迁徙，在徒步交通的时代可是天大地大的事！

如何迁徙和为何迁徙是截然不同的问题。要探究这个问题，考古学是必要的。幸运的是，今天科学家有更好的工具，那就是利用生物科技，从遗传的角度调查。

基因地理分布的历史

有句话说"凡走过必留下痕迹"，基因遗传也是如此。

当今世界上全面的基因大数据收集，是2005年由美国国家自然地理和IBM公司联合发起的"基因地理计划"。这个计划由美国遗传学暨人类学家威尔斯（Rush Spencer Wells IV）领导，后来由生物学家、人类学家维拉（Miguel Vilar）接任负责。

计划实施的策略，是和世界各地大学的科学研究者合作研究，收集全世界自愿受检测者的DNA，所以算是一种全民科学。研究者将收集到的DNA送到世界各地合作的实验室分析，然后将所有的样本绘成地图，追踪他们数万年前祖先的迁徙足迹。

基因地理计划最早的目标，是在5年内募集5000万美元，在全世界范围内收集10万份DNA样本的祖先追踪套件，再由世界合作大学的生物科技研究单位分析收到的DNA。

没想到计划获得热烈的响应，到了2018年，已经收集到超过100万件DNA套件。2019年5月31日，"Geno 2.0 Next Generation"的DNA祖先追踪套件在市场上售罄。美国国家自然地理宣布，2020年1月1日是套件送件处理样本的最后一天，之后收到的套件将不再处理。

检验DNA需要分子生物学的知识与技术。DNA的检测原理从分子进化学的专业角度来看，具有共同祖先的一群相似的基因上会共同发生一个核酸的突变。研究人员将获得的DNA进行基因检测，从个人的基因突变可以追踪其祖先。

人类在冒险离开非洲时，就留下了遗传的足迹，到如今依然清晰可辨。专家把各地搜集的人类祖先的宗族遗传信息依照特征基因绘成地图，就可以了解受检测者的祖先在历史上的地理分布，并清楚看见他们的祖先在历史上曾经如何迁徙、落脚。

线粒体夏娃

为什么科学家能够知道人类起源于非洲，后来才分布到世界各地呢？人类线粒体的DNA完全来自母系，可以作为表示线粒体系统发育树的主要分支点，所以检测线粒体DNA，就可以了解女性血统遗传的路径。因此，追踪到现代人共同的母系祖先，也能获得母系遗传足迹的线索。所有线粒体DNA的根源，就是现代人距现在最近的母系共同祖先（mt-MRCA），昵称为"线粒体夏娃"（Mitochondrial

Eve），其线粒体 DNA 存在于每一位现代人体内。

检测的基因按照发现突变的次序，以英文字母顺序排列，但字母没有遗传关系的含义。线粒体 DNA 的每一次突变大约需要 8000 年，其突变的速率可以当作线粒体的分子时钟来估算年代。将线粒体基因标识为 L，只要当特性基因的出现进入 L0 和 L1~L6 的分岔位置时，就可以估算其发生的时间。

根据 2013 年的推算，线粒体夏娃的年代距今约 15 万年。这个数字的确符合现代人出现的时间，但是比智人走出非洲的时间却早了许多。

科伊桑人（Khoi-San）是非洲最古老的民族之一，主要分布在非洲南部。基因研究显示，科伊桑人在 10 万年前就已经存在，他们的祖先可能早至 15 万年前扩展到南非洲。在 13 万年前非洲有两支的人口群，在南非洲带有线粒体 DNA 编号 L0 的是科伊桑人的祖先；另外一支在中非洲和东非洲带有基因 L1~L6，是其他人的祖先。据推测，科伊桑人的祖先在 7.5 万~12 万年前，曾经往东非迁移。

远离非洲

早期智人迁移到地中海的东边和欧洲的时期，可能在 11.5 万~13 万年前。大约在 12.5 万年前，可能有智人迁徙到了中国，甚至跨越到北美洲，往南的一支约在 10 万年前到了印度次大陆和南亚。但是这些都是早于 8 万年前的活动，没有留下什么基因的痕迹,只能根据一些石器工具来推断。

智人离开非洲发生在5万~7万年前,分子生物学技术可以从现代人的基因线索中追踪到这批智人迁徙的路线。

现在的基因证据能够追溯到距离现在最近的"智人离开非洲"的例子,是7.5万年前一群带有线粒体基因L3的人群,他们不超过1000人,从也门和吉布提之间的巴布、埃尔、曼德越过红海的曼德海峡,抵达位于阿拉伯半岛现今的也门地区。他们约在5.5万年前沿着海岸线,经过了阿拉伯和波斯,到了印度次大陆。

智人为何离开非洲?原因目前还不确定,可能是因为重大的气候变迁,譬如冰期突然出现。美国伊利诺伊大学的人类学家安布罗斯(Stanley H. Ambrose)最先假设在7万~7.5万年前,苏门答腊多峇(Toba)超级火山爆发,大量的火山灰引起一次冰河时期,造成了当时智人大量死亡,只有非洲一地的智人幸存下来。有遗传的证据显示,当时的非洲人口可能陡降到10000以下。若属实,这可是濒临灭绝的大危机!

大约5万年前,可能在气候回暖之后,中南半岛、婆罗洲、苏门答腊、爪哇、巴厘及邻近的小岛,由于海平面下降而露出水面,形成了巽他陆架(Sunda Shelf)。澳大利亚大陆的延伸,与新几内亚及其附属岛屿连接形成了莎湖陆架(Sahul Shelf)。由于陆地的出现,在印度或是南亚的先民,沿着南亚海岸线前往东南亚、大洋洲,继而到达澳大利亚。

这是智人首次超越了直立人生存的界线。

智人沿海的探险后来还转向了北方,在转进内陆之前,到了中国和日本。基因的检测还显示:美拉尼西亚和澳大利亚的原住民,以及一些分布于菲律宾马来半岛、泰国、安达曼群岛和尼科巴群岛的尼格利陀人(Negrito)和菲律宾人,都混有少许丹尼索瓦人的DNA,可能是他们在东亚时发生混种的结果。

克罗马农人是最早抵达欧洲的智人,他们带着特定的线粒体基因R,大约在5万年前越过伊朗和土耳其交界的札格罗斯山(Zagros mountains)进入欧亚大陆后,一支沿着印度洋海岸发展,另一支往北进入了中亚草原。

根据考古定年的结果显示,4.3万~4.5万年前,意大利已经有智人出没。大约在4万年前,克罗马农人已经进入了现今北极圈的俄罗斯区域。中东和中亚的智人到了欧洲就成了克罗马农人,他们和尼安德特人有重叠的时期,想必也发生了混种的情形,以至于有些尼安德特人的基因被带入了旧石器时代的晚期,并且分布在欧亚现代人及大洋洲人的身上。

现代人在欧洲垦殖于乌拉山西边,虽然可以猎食驯鹿,却必须忍受 -30~-20℃的低温。他们徒步前进,仗着较先进的工具发明捕杀野兽,将动物的毛皮做成衣物避寒,将兽骨制作成庇护所、炉灶,还挖冰窖储藏肉、骨等,并用兽骨充当燃料。在意大利帕格里奇洞穴发现的两具克罗马农人遗骸，确定带有线粒体 DNA 单倍体群 N，定年的时间为 2.3 万 ~2.4 万年前。

现代人在欧洲垦殖大概花了 1.5 万 ~2 万年的时间。在这段时间，中东及欧洲的尼安德特人逐渐被现代人取代。尼安德特人最后数十年，可能活跃在伊比利（Ibili）半岛上一个面对直布罗陀海峡的洞穴，他们没能再留下比 2.5 万年前更近的化石遗迹。

5 万年前发生过一次规模较大的人口迁徙，这些人陆续于 3.5 万年前定居在西伯利亚、韩国或日本，他们中有一部分在最后的冰盛期跨越白令海峡，来到了美洲。

当时北半球的一些人种，在 2 万年前被迫迁移到一些新的庇护所。在北纬 71 度的西伯利亚亚纳河（Yana River），发现了 2.7 万年前的人类遗迹，显示是对极限天气具有超强适应力的人种。

古印第安人也源自中亚，他们在白令海峡陆桥连接西伯利亚和阿拉斯加的时候，迁移到了美洲。在 2.3 万年前到最后冰期的这段时间，他们已经踏遍了美洲的土地。至于他们在美洲的迁移路线究竟是走陆路还是走海路，目前仍然在研究中。

除了检测线粒体基因外，同种个体间因为生活环境的不同，经历长时间的进化，天择和基因突变会展现同种个体间性状的差异,即基因的多样性,由此也可以看出人类迁徙的趋势。

根据研究,非洲的基因多样性最高,显示了非洲是智人的母集合,所以非洲是智人最早的家园,可远溯至15万年前。5万~7万年前,少数智人从东非走出去,先到了中东,然后聚集在中亚。

3万~4万年前,智人已经遍布欧亚大陆和南亚、大洋洲及澳大利亚。世界其他地方的基因组合是非洲基因的子集合。1.5万~3万年前有一个颇大的冰期,在此期间,走出非洲的智人还遇上了尼安德特人和丹尼索瓦人,甚至发生了跨种混血的现象。

1.17万年前,世界进入了"全新世"。温暖的气候促发了智人更加频繁的迁徙,在中东、东亚、欧亚大陆、北美洲、南亚、非洲都曾发生。

第3节 省思:人是万物之灵吗?

人类能够看多远?鹰可以在1千米以外的高空清楚地看见地面奔跑的猎物,人类的眼睛明显不如鹰眼,但是人类在太空拍下的一张照片,却让人类成为独一无二、能鸟瞰整个地球的族类。

如果从进化的观点来看这个问题,关键在于大脑。人类自从放弃树栖、四足行走的生活方式，改在草原上以两只后肢直立，用双足行走、奔跑的方式生活之后，善用自由的双手和日趋复杂的大脑，手脑密切结合，使两者相得益彰，造就了人类卓越的创造力。

在这个世界上，人类创造了唯一的文明。先不论宇宙中是否有其他的智慧生命，仅和地球上其他的生命相比，人类似乎是一枝独秀的天之骄子，被赋予了人类凌驾众生的特殊使命，不少人因而骄矜自喜。不过，我们是唯一会使用、发明、创造工具的生命吗？只有人类有文明吗？独有文明会使我们的生命更神圣吗？

天择对于万物，是毫不偏私地依照适应的程度选择，最不能适应的先被淘汰。人类不会因为适应而伟大。万物来来去去，我们能熬过环境的重重险阻，发展出灿烂的文明，的确是不同于任何自然界曾经存活过的物种，但这并不表示我们因伟大而存在。

人是否为万物之灵，没有简单的标准答案，而是取决于"抉择"。

在进化的舞台上，抉择通常是为了个体或群体的生存，是自私基因的延伸。但是人性一方面以生存和生活为依归，另一方面却发展出精神的升华，对抽象利他的人生意义有所想象和追求。少数与利他或特殊善良信念价值结合的"抉择"和"坚持"，使得人性有了不寻常的、灵性的光辉。

利他行为对社会化生物来说，也许并不完全稀奇，但是利他与自由意志的结合，以至于对人性物欲的节制，甚至为了他人，不惜奉献生命的表现，是人类极致智慧的开端。人之所以伟大，是价值抉择的结果！

回到人猿与猿人的差别。莎士比亚《暴风雨》中的卡列班是人还是兽？我们真的能以大脑功能的差别或是外貌的异同，来区分人或猿、人或兽吗？适应与进化的过程本身，并不能使我们成为万物之灵，价值的抉择才使得人类与其他生命大异其趣。自由意志抉择的可能，使人类的生命产生新的高度，当然滥用抉择也会产生新的困境。所以人类既非万物之灵，但也不算与禽兽同类。

人类的大脑有感觉、思想、知觉、理性，还有感性、精神的力量，问题是每个人发挥了多少崇高的人性？在进化的面前，每一种生命都以自身所有的特点，扮演着自己的角色。顺应自然的规律、了解我们在自然面前的地位，以及对自我主体的知觉，就是格外具有意义的一种价值抉择的学习。

人类应该珍惜自身在宇宙中获得的存在机会，善加经营地球生态，如此人类文明的意义也将更显可贵。如果还有努力的契机，我们就不可妄自菲薄，要尝试找出正确的方向，为个体甚至族群的生命创造走向新境界的可能。

第六章

人类文明与人类世
——科学能开创人类世未来的新契机吗?

地球出现生命是一个奇迹，而地球的生命能够延续35亿年，发展出高度文明，使宇宙终于有了能赞叹、欣赏其138亿光年之深广浩瀚的心灵，更是至今依然独一无二的异数！

人类与其他生物差异最大的文明，究竟如何影响这个世界？我们自豪能够发展出文字、文学、艺术、哲学，近代科学和前瞻科技更让我们以"智慧生命"自居。虽然人类遍布地球上的每一个角落，但属于同一个物种的我们，却分为200多个国家或地区，肆意破坏着环境，还不时兴起战争。文明究竟是如何演变成现今的局势？

若要客观审视人类文明进程的根本问题，从历史的观点纵观文明发展，或许不失为一个方法。

第1节　24小时框架下的全新世

如果将全新世最近的11700年缩在24小时的框架里看，人类文明进程大约会呈现如下的面貌：

早上6点钟，人类在中东的肥沃月湾和中国的黄河流域，启动了世界上最早的农业革命和畜牧事业。在此之前，人类大多还是以狩猎、采集为生，可能开始有游牧生活的雏形。9000年前，世界上已经有了一些农业中心，譬如中东的两河流域驯化了小麦；中国则有黄河流域的粟米和长江流域的稻

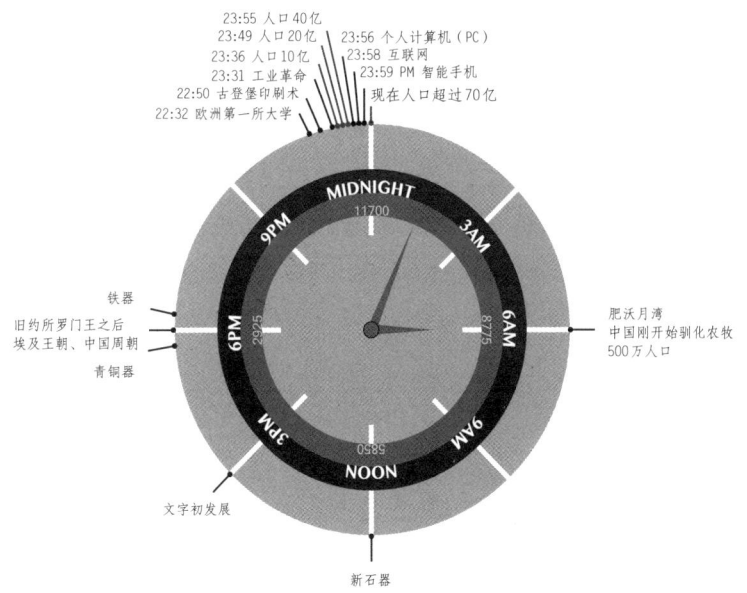

将最近的11700年框缩成熟悉的24小时来呈现人类文明进程

米等。当时全世界人口不到500万。

人类历经逾百万年悠长的旧石器时代，终于在全新世跨入了新石器时代。新石器的发生因地而异，没有明确的时间点，从1万年前到两三千年前，甚至在今天，世界上还有一些族群仍然生活在石器时代的文明中。

新石器时代的人类将新汰旧，学会了把手中敲打的粗糙石块、石片逐渐做成有造型、有特定功能，且相当精致的石槌、石臼、石钩、骨针等石器，甚至出现陶器。能够做出陶器，就表示已经有了使用高温窑火的煅烧技术。

在 14:00~16:00，也就是 3500~5000 年前，中东苏美人的楔形文字和东亚黄河流域的甲骨文都已问世。发明文字是一件惊天动地的文明大事，人类从此成为有历史的族裔。

书写的历史使得文明得以传承、累积，人类遂有了更清晰确实的信息社会，信息的传递不再只倚赖口传。社会的专业分化、经济的分配、制度的建立以及国家的形成、权力的运作，都因此而快速发生。

18:00 前后，也就是约 3000 年前，那时中东约当埃及王朝和所罗门王朝，中国则是周朝时期，先是青铜工具问世，然后人类学会使用铁器。铁器最先在中东的波斯被发明出来。铁比铜更加坚硬，这就代表那里有了更强大的武力。当时全世界总人口数大约已达 1 亿。

金属的使用不同于石器。合金需要高温锻造技术，有了制造砖瓦、陶器的基础，就有使用高温的技术。尽管合金锻造程序中有古人不懂的化学原理，譬如炼铁过程中使用的木（焦）炭其实是关键的还原剂。他们没有正确的知识指引，只能不断尝试。没有科学理论支持的技术，全靠经验积累，这是技术的本质。

18:00~22:00，也就是公元的第一个世纪。这是一段颇长的历史，除了古希腊时期的心智灵光一闪，人类文明基本上处于神权专制所统御的时代。

近代的文明里程碑中，世界上最悠久的大学是意大利的博洛尼亚大学，兴建于公元1088年，在24小时中已相当于22:32。

文艺复兴运动之后，古登堡印刷术在公元1450年出现，相当于22:50。虽然它比中国宋朝毕昇发明的印刷术晚了400多年，但在大量印制哥白尼的《天体运行论》等著作后促成了欧洲民智大开，让欧洲在15~16世纪率先开发社会的群体心智。

欧洲科学革命发生在16~17世纪，即23:00~23:20。18世纪时，瓦特改良蒸汽机，开启了机器取代兽力、人力的时代，掀起第一次工业革命的浪潮。当时中国正值清朝盛期，时间约在23:31。

24小时的最后几分钟内，智能高科技起飞，个人计算机出现于23:56，也就是20世纪80年代。因特网出现于23:58，也就是20世纪90年代。智能手机出现于最后1分钟，这时人类已经进入21世纪。

科学促进了科技工业兴起后，世界人口更加快速地增加。23:36相当于19世纪初，世界人口约有10亿。23:49相当于20世纪上半叶，人口约有20亿。23:55是在二战后，人口增加到40亿。现在人口已经超过了70亿。估计到了2050年，世界人口可能会增加到90亿~100亿，甚至更多。

第2节　历史上文明崩溃的社会

智人约在30万年前出现在非洲，历经艰难险阻，于15万年前尝试走出非洲，终于在最近的5万年里逐步散居地球的每一个角落。1.2万~3万年前，智人艰辛地跨过了更新世最后的漫长冰期，踏入了温暖的全新世。

智人抓住了这千载难逢的良机，垦殖森林成为平地，创造了农牧革命；发明文字、工艺，兴建了典章制度、创造了辉煌的国度；更在最近200年掀起了工业革命，进入了人类世。

但是在光鲜的一面背后，始终存在崩溃的阴影。

戴蒙德（Jared Diamond）在《崩溃：社会如何选择成败兴亡》中提出了文明崩溃的例子。穷垦滥伐、没有节制，破坏自身资源与社会基础的文明，迟早是自讨灭亡的输家。

在人类历史上不乏这样的社会，他们因为目光短浅，耗尽了生存的资源，最后被迫走向文明崩溃的命运，坠落万劫不复的深渊。譬如复活节岛、皮特凯恩岛、汉德森岛、阿纳萨齐印第安遗址、玛雅文明、格陵兰的维京人等，尽管他们过去有着十分辉煌的文明，但是如今都已经消失在历史的洪流里。

环境崩溃的复活节岛

复活节岛最有名的就是岛上数百个背海而立的摩艾

（Moai）巨人头像，怪异神奇的景象引起不少遐想，甚至不乏制作者是外星人的联想。

复活节岛只有170平方千米，东距秘鲁西岸3700千米，西距皮特凯恩岛2000千米。公元前1200年，在俾斯麦群岛出现了拉匹达文化，他们善于航海、务农、制陶，逐渐往东探索，成为玻里利西亚人的祖先。到了公元1200年，在夏威夷、新西兰和复活节岛三角区间每一个能住人的岛，都被玻利尼西亚人发现了。

复活节岛最早住人的年代约为公元900年。那里没有珊瑚礁、潟湖，鱼贝稀少，海鸟、禽鸟、海豚应该在入驻之初就快速减少。岛上淡水有限，岛民可能依赖甘蔗汁，所以都有蛀牙。初到岛上的人都生活在海边，建有非常多的石砌鸡舍，成为岛上摩艾石像和安放石像的阿胡平台（Ahu）以外的特色景观。

以人居房舍估计岛上的总人口数，人口鼎盛时可能至少有6000，最多时约有30000。欧洲人在公元1770年来到岛上，并带来了天花病毒，导致大批岛民死亡。1862~1863年间，秘鲁人绑走了1500个岛民当奴隶。1864年，到岛上的传教士约有2000人。

在人类来到复活节岛之前，岛上本是参天巨木的亚热带森林，根据花粉分析及考古资料显示，当时有直径超过2米、高逾20米的棕榈树，比现今世界上最大的智利酒棕榈还大。

此外，从焚烧的碎片中也找出了数十种大大小小的植物，许多已经灭绝，有些在玻利尼西亚的其他岛屿上还可以找到。树木的用途很广，可用于制造独木舟、弦外浮木、建筑物、雕刻物，还可用来拖拉运送摩艾头像，甚至当成柴薪（真是暴殄天物）。

森林滥伐始自公元900年。花粉鉴定发现在10~14世纪，大棕榈树快速减少。到了公元1400~1500年，摩艾兴建得如火如荼。放射线碳元素定年显示，大棕榈树最先绝迹。烧烤煮食、遗体火化、建设园圃，都需要砍伐树木。1722年，罗格文（Jakob Roggeven）的舰队发现此岛上岸时，所见之处都是不毛之地，最高的树不过3米。由于当天是复活节，他便将岛屿命名为复活节岛。

考古分析，岛上曾有海鸟、秧鸡、苍鹭、鹦鹉、海豚、海豹、海龟、大蜥蜴、老鼠等20余种动物，鱼类、贝类相对较少。由于过度捕猎，加上跟船上岸的鼠类猖獗，仅剩的几种海鸟只能在附近的小岛上产卵。如此空空如也的复活节岛，在太平洋诸岛中简直是绝无仅有。

森林砍伐殆尽，灾难接踵而至。没有了树木，就没有维生、谋生的工具，岛民的生活大受影响。17世纪，土壤侵蚀流失，田地荒芜，人口少了七成。

英国库克（James Cook）船长在1774年上岸待了4天，所做的描述是：岛上到处是倾倒的雕像，只有少数仍然矗立。

19世纪，欧洲人来得愈加频繁，带来的天花病毒使岛民大批病死，也有人被抓走当奴隶。1872年，岛民只剩111人。1888年，智利人占领了复活节岛，并交给苏格兰牧羊公司管理。1914年，智利人派舰队来敉乱，经历过放牧、战乱的复活节岛已无生态可言。1966年，岛民入籍成为智利公民。

过度砍伐的阿纳萨齐印第安社会

在新墨西哥州西北查科峡谷（Chaco Canyon）的阿纳萨齐（Anasazi）印第安人社会大约始自公元600年，在1150~1200年间消失。

在欧洲人发现美洲之前，阿纳萨齐有着北美洲最宏伟的建筑，他们在公元700年就独自发明了建造石屋的技术。波尼托村（Pueblo Bonito）最先只盖了一层房舍，大约在公元920年已有两层楼房。到了1100年，盖出了五六层的高楼，房间多达600个。这些房子的天花板都用大木支撑，每根木头长4.8米，重逾300千克。靠着木头的年轮鉴定，可以建立十分清楚的年轮谱，能让我们了解每年的环境和气候情况。

在阿纳萨齐的全盛期，谷地有丰沛的水流冲积，地下水也十分充裕，几乎不下雨也能耕作，村落可以养活相当多的人口。当地人的主食是玉米，也吃南瓜、豆类、松果，还可以猎鹿为食。

但是天然的环境优势未必能够长久。水资源的管理不佳和过度砍伐森林，终于为阿纳萨齐带来万劫不复的灾难。

提供这些数据的是小林鼠在村落四周用粪便保存的垃圾堆，称作"林鼠贝冢"（Packrat shell mound），它们就像时空胶囊，可以保存数万年。古生态学家贝唐科特（Julio Betancourt）用放射线定年研究阿纳萨齐的林鼠贝冢，重建了查科峡谷的植物群落变化。他发现，公元1000年之后已找不到核果松和杜松。直到今天，阿纳萨齐遗址仍是光秃一片，因为干燥地区的大树生长格外缓慢。

以锶同位素分析木梁得知，在公元974~1104年间，阿纳萨齐的树木是取自附近高山的松木和杉木。在此期间，这里的总人口数或许有数千。晚期的阿纳萨齐社会有如一个帝国，波尼托村大屋中心有如统治阶级，养尊处优，不断吸取资源，奢华生活靠周围群众的供养。资源一旦不足，阶级社会就不再平静。

阿纳萨齐遗址最后留下了动乱的证据。木材的年轮谱显示，公元1130年之后连年大旱，阿纳萨齐面临文明覆亡的厄运。最后的数百年里，只有一些余民在人去楼空的废墟中苟延残喘。600年后才有纳瓦霍人（Navajo）入住。在纳瓦霍族保留区，绵延数百里渺无人烟，徒留唏嘘慨叹。

内外交迫的玛雅文明

玛雅（Maya）文明是另一个被绘影绘声为"外星人"文明的题材。好几个世纪以来，所有的玛雅城市、神庙、祭坛，都沉睡在墨西哥、危地马拉、贝里斯的丛林中，还有洪都拉斯和厄瓜多尔的西部，不为世人所知。

1839年，美国探险家史蒂芬斯（John Stephens）和英国精于素描绘图的嘉瑟伍德（Frederick Catherwood）联手考古探险了44个玛雅古城。1841年，他们回到纽约后写了两本游记，畅销一时。

玛雅人留下了宏伟的建筑，包括宫殿、祭祀的金字塔神庙、纪念碑、蹴球场、天文观测台等。许多复杂瑰丽的艺术镌刻在粉饰的石材上。他们还留下了复杂的象形文字书写系统，大多刻在石碑的墙垣上，可惜日常书写手抄本大多在16世纪被销毁。虽然玛雅文字不易解读，但仍提供了珍贵的史料，显示他们的天文、历法、数学都非常发达。今天的600万玛雅后人依然住在那片土地上，他们说着28种玛雅语，虽然不识玛雅古文，但其语言仍是了解玛雅文明的重要线索。

欧洲人最早接触玛雅社会。1502年，哥伦布（Chritoforo Columbo）第四次访视中美洲时遇见一位划独木舟的玛雅商人。1697年，西班牙人降伏了玛雅最后一个君主。此后，约有两个世纪，欧洲人有了许多认识和了解玛雅文明的机会。

玛雅文明发迹于中美洲西部或西南河谷和海岸低地。公元前3000年，他们以玉米、豆类和南瓜为主食，但缺少役用动物，家畜的种类也不多。公元前2500年，玛雅人开始有了陶器。公元前1200年，墨西哥的奥尔梅克（Olmec）

凯舍伍德在马雅的素描

就有了城市。在公元前600年或更晚，瓦哈卡的萨巴特克（Zapotecs）文明开始有文字。

玛雅地区则大约在公元前1000年开始有了陶器和村落。玛雅的房舍和文字书写系统则始于约公元前400年，被雕刻在石头或陶器上，作为对国王贵族歌功颂德的铭文。公元前3世纪，兴起了最早的城邦，太阳历法和神历也从外地传入玛雅。玛雅文明兼容并蓄，愈发精益求精。玛雅人不使用轮子，运输方式皆倚赖步行或水路。

玛雅人著名的长历（Long Count Calendar）在公元前

3114年8月11日开始作为元年元月元日。其间该地仍是有语无文,最早的可考年代是公元197年,推算出的长历内容分为日、周、月、年、十年、百年和千年。360日为1年称为盾(Tun);20年(7200日)为卡盾(Katunn);以400年(14万4千日)计,称作伯克盾(Baktun)。玛雅的重要历史都发生在8~10伯克盾期间。大约在公元250年,出现了第一个王朝,人口快速成长,并于公元8世纪达到顶峰。全盛时期的佩腾(Petén)中部人口有300万~1400万。

玛雅君王称作圣主,也就是最高的祭司。古玛雅人的世界被分为天国、大地和地底世界,传说圣主可穿越三界,负责观测天象,祭祀天神,祝岁丰年,又骁勇善战,故受到百姓的敬服和奉养。

玛雅王朝终结于10伯克盾,时为公元909年。当地人不再树立纪念石碑,荒废的王宫被平民占据。中部美洲的贸易也就此改道,绕过荒芜的佩腾盆地。

古玛雅时期的衰颓可能是因为大旱连年,圣主失信于民,贵族横征暴敛,民生凋敝,王国遂趋于没落。公元800年后,玛雅人口减少了90%~99%。没有了圣主,长历废止,除了人口消逝,玛雅文明也跟着失落!

一个历史上的辉煌文明临到存亡边际,绝非复活节岛或阿纳萨齐社会的兴衰所能比拟。当然,玛雅古典王国的衰亡与长历的停止,并非玛雅文明的终结。后古典期始于公元

950年~1539年的西班牙人入侵。人口的增减、权力的兴替、城市的起落、地区兴亡的转移、战乱和气候的发生等，在古典王国凋零后仍然是与时更迭。

玛雅文明崩溃的原因，可能包括下列诸项：（1）人口过多，资源短缺，生存环境凋敝；（2）森林滥伐和土壤侵蚀，导致气候变迁，特别是常年干旱，农作难继；（3）城邦冲突和内战，争斗愈演愈烈，资源却更少；（4）国王、贵族权力和利益互相较量，尤其是土地的争夺，引起的政治与文化因素；（5）与外部友邦的贸易、外交关系。

从玛雅人常用黑曜石、黄金、玉石的交易输入情况分析，玛雅城邦蒂卡尔（Tikal）和卡米纳胡尤（Kaminaljuyu）是当时中美洲各帝国庞大贸易体系的一部分，深入今天墨西哥中部高地，将众多中部美洲文化联系起来。所以除了第（5）项以外，其他4项文明崩溃的原因都不能排除。

考古学家认为，古玛雅人个性温和、爱好和平，但是当粮食短缺，物资分配传输困难，战祸即起。近年考古发现的博南帕克（Bonampak）壁画，描述公元738年科潘王俘虏受刑的惨状历历如绘、不忍卒睹。

碑文壁画记载了王族的事迹，平民的境遇却付之阙如。根据玛雅湖底沉积物的分析研究，包括石膏沉淀、$^{18}O/^{16}O$同位素分析、^{14}C定年的数据，还有花粉分析，可以了解干旱的时间、森林的砍伐情形，土壤的侵蚀。结果显示，公元前

5500~前500年，玛雅地区十分潮湿，公元前475~前250年是干旱期。公元前250年再转潮湿，因而有助于玛雅古王朝兴起。公元125~250年、公元600年又遇大旱，导致著名城市如米拉多尔（Mirador）、蒂卡尔的衰亡。

公元760~800年前后，发生了7000年一次的超级旱灾，这可能就是玛雅文明崩溃的主因之一。估算干旱周期，平均208年一次，似乎是全球性气候变迁，影响的不只是玛雅文明。

有人进一步分析河流冲积到附近海洋盆地的沉积层，得到的结果是：大旱的高峰期是公元760年、公元810~820年、公元860年、公元910年，和前述估得的时期十分吻合。

公元1511年，一艘西班牙船在加勒比海遇难，十余名幸存者在尤卡坦半岛的海岸登陆，一位玛雅领主抓获了船员，将他们充当祭牲，只有两个船员逃脱。这一事件促成了西班牙人和玛雅人的接触。旱灾使多数的玛雅城邦败亡，1524~1525年，西班牙的柯提兹（Cortes）将军经过佩腾中部时，当地不到3万人，他们在经过蒂卡尔和帕伦克附近时差一点饿死，遂错过了世界上最伟大的文明遗迹。

那些旱灾的余民如何起起落落已经不可考。西班牙人于1697年攻克危地马拉佩腾伊查湖中岛上的伊查玛雅（Itza Maya）首都诺赫佩腾（Nojpetén），他们带来的疾病对玛雅人更是雪上加霜。1714年，佩腾中部只剩3000人。20世纪，大量移民进入玛雅区，80年代后佩腾区又遭森林滥伐，生态恶化。二战后的洪都拉斯在 1964~1989 年间，森林消失了 1/4。

玛雅文明崩溃的原因，尚未盖棺论定。毕竟一个规模如玛雅的文明起落，绝不是简单的因素可以阐明。科学研究也需要时间才能获得更多的共识。但是在滥垦滥伐，人口、资源失调，内斗争利，贵族专政、社会缺乏公义，穷兵黩武的战争不断的情况下，即使辉煌如玛雅的文明，也难逃脱彻底坏空的结局。

第 3 节　人类世的起点

回头看这 1 万年来的全新世，文明自出现以来，很明显地快速往前奔行。尤其最近 200 年，工业革命促成了科技文明极速狂飙。民生条件的改善使得人口快速增加；另一方面，资源就加速消耗，甚至虚掷浪费。

其他生命在进化的舞台上，多在顺命地学习适应自然环境的变化，人类的意志则是企图掌握自己的命运，创造人可胜天的机会，不仅适应环境，还要改变环境。即使文明似乎并非有意地对抗自然，但是与其他生命和自然的关系相比，人类却是 35 亿年生命历程中的一股逆流。

在 2000 年的一场国际环境会议中，会议主席反复提到全新世，但与会的克鲁岑教授却认为，全新世已经不适合再继续代表这个文明世代,他不禁脱口而出:"我们不再处于全新世了,我们处于'人类世'。"

会议室内突然而来的静默,凝结了热烈讨论的空气。接下来的中场休息时间,"人类世"变成了焦点话题。

克鲁岑引用的是史多麦尔(Eugene F. Stoermer, 1934~2012)在20世纪80年代初首创的"Anthropocene"。地质学上的"世"(Epoch)源于"纪"(Period),"纪"则源于"代"(Era)。譬如全新世属于第四纪,第四纪属于新生代(Cenozoic)。

克鲁岑在会后撰写了一篇论文《人类地质学》,并于2002年发表在《自然》期刊。文中指出:人类活动已经改变了地球1/3~1/2的地表;世界上的主要河流大多已经筑坝或改道;肥料栽植植物产生的氮素超过所有陆地生态系统的自然量值;渔业较沿海水域原始产量减少了约1/3;人类还使用了世界上可用淡水流量的一半以上。更重要的是,人类大量燃烧化石燃料,加上滥伐森林,在过去两个世纪以来已经改变了大气的组成。空气中的二氧化碳浓度已大幅升高,而另一种更有效的温室气体甲烷,浓度也不只是倍增。这些人为排放,将使得全球气候可能在未来几千年明显背离自然。

克鲁岑认为过度产生的温室气体,尤其是二氧化碳及甲烷促成全球变暖,正是始自18世纪瓦特改良蒸汽机。工业革命遂领导地球的地质纪元进入了人类世,从此人类文明成为决定大自然地质及生态的关键角色。所以,他建议订定瓦特改良蒸汽机为"人类世"的地质年代起点。

克鲁岑的文章发表后,"人类世"一词很快就广泛出现在其他科学期刊上,或被用做文章的标题。

萨拉希维兹(Jan Zalasiwicz)是英国莱斯特大学研究海洋中笔石(Graptolite)的地层专家,也是当时伦敦地质学会地层委员会的主席,他读到"人类世"一词觉得很有意思,因为使用这个词的人大都没有地层学专业,而国际地层委员会(International Commission on Stratigraphy)才是决定地质年代的法定机构。这真是大水冲到了龙王庙,他想知道同事们如何看待此事。

萨拉希维兹在一次餐会上调查同仁对"人类世"的看法,22人中竟然有21人认为此观点大有可取之处。于是地层委员会进一步检验"人类世"是否在地质专业上具备命名新地质世代的条件?

经过一年的研究,结论是"YES"!

委员们都同意,克鲁岑论文列举的种种变化,将会留下全球性的地层标识,即使在数百万年后仍将清晰可辨。这同理于奥陶纪冰期留下的地层标识,至今还清晰可辨。

委员们在总结的论文中,也特别提到人类世将由"生物地层信号"(Biostradigraphic Signal)标注而成。这个地层信号一则来自可能正在发生的"第六次生物大灭绝",再则也是人类重新分布生物的习惯留下的地层记录。进化的戏码将会重新来过,萨拉希维兹还预言:未来的进化将由幸存的鼠类展开。

2009年,国际地层委员会把180万年前开始的更新世前推至260万年前,他们负责决定地球史的正式时间表。换句话说,国际地层委员会要使"人类世"成为正式的地质纪元,必须先决定人类世开始的时间。然而这个议题却引起了激烈的争论。

国际地层委员会和国际地质科学联合会(International Union of Geological Science)始终未通过"人类世"的提案。2019年,人类世工作小组(Anth-ropocene Working Group)不同意克鲁岑把瓦特改良蒸汽机开启了化石能源的使用作为人类世的起点,他们建议在2021年正式向国际地层委员会提案,以20世纪中期二战后作为地层标志。将1945年7月16日人类首次原子弹测试,即三位一体(Trinity)核试爆的时间,定为人类世的起点,其间正是原子时代(Atomic Age)的更迭之期。

还有许多其他意见,有人认为二战后地球系统的社经环境急遽加速变化,也有人认为全新世的农业革命,就已经注记了人类世的发生。

无论如何,人类的存在和生活方式,已经实实在在地改变了地表环境。人类进入人类世究竟是一种荣耀?还是一种悲哀？

光是人类开垦了大片的原始林地，掠夺了其他物种的栖息地，加上大啖飞禽走兽，无论是路上跑的、海里游的、天上飞的动物，以及各种植物，都毫无节制地享用。文明产生的气候变迁及生态系统破坏的情形，都是无以复加。

通过燃烧煤炭与石油矿藏，人类正将蕴积了千万年甚至上亿年的碳素放回到大气中。我们不仅反转了地质的历史，而且是以异常的速度反转。正是二氧化碳的排放速率，使目前的重大实验在地质上看来如此不寻常，而且可能在地球史上前所未有。

如果沿着这个变化趋势往下走，就算不是发生地球史上最惨重的灾情，也会是非常严重的事件之一。

无论国际地层委员会的裁决结果如何。人类究竟应如何面对人类世的未来，才是新纪元最值得思考的问题。

第4节 工业革命与人类世

如果深入了解一下工业革命的进程，机械科技最初一鸣惊人的异军突起，就是始于第一次工业革命。

历史学家普遍认为，英国的机械工程师瓦特在1769年改良了1712年发明的纽可门蒸汽机，这是第一个利用蒸汽产生机械功的实用设备，促使了机械力取代了畜力、人力和水力、风力等自然力,因而启动了文明史上第一次的工业革命。

就机器时代(Machine Age)来临的观点而言,也有人认为工业革命早在1759年就从英国的中部地区发迹。除了蒸汽机,连煤、铁、钢也都是加速了工业技术的革命性角色。英国作为领头羊开始的一系列技术革命,引起了将自然力的劳动大幅转向机器生产的方式。这种变化也影响了产业制造模式,譬如纺织业的家庭手工都换成了机器操作。大工厂取代了小作坊,劳资关系因而与革命前也截然不同。

接踵而来的是发明家的崛起。从18世纪中叶到19世纪初期,有英国织工哈格里夫斯(James Hargreaves)发明了珍妮纺纱机;英国诗人哈林顿(John Harington)发明了抽水马桶;英国的斯蒂芬森(George Stephenson)发明蒸汽

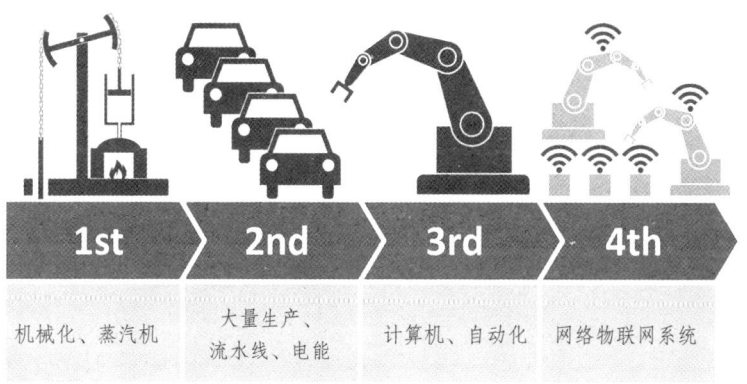

四次工业革命的发展进程

火车，其儿子也克绍箕裘，父子一起造出了世界上首辆在公共铁路上载客的蒸汽机车；英国化学教授戴维（Humphry Davy）发明了安全矿工灯；布拉格的德国剧作家赛纳菲尔德（Alois Senefelder）发明了平版印刷；美国的富尔顿（Robert Fulton）发明的蒸汽轮船成为美国哈德逊河、密西西比河的特殊景观交通工具……工业革命的燎原之火终于从英国烧向了欧洲和美洲的其他大陆。

工业的普及化也跨越了社会阶层，出现越来越多平民出身的工程师、发明家。工业革命不仅是技术革新而已，也伴随社会的重大变革。18世纪中叶，休谟（David Hume, 1711~1776）和史密斯（Adam Smith, 1723~1790）提出了资本主义的主张。资本主义的发展让西方社会发生了从未有过的莫大变动。

第一次工业革命持续到了1830~1840年，电器产业的发展接着催动了第二次工业革命。

1854年，德国的戈贝尔（Heinrich Gobel）将一根碳化的竹丝在真空下点亮，这就是最早的白炽灯。爱迪生（Tomas Edison）在美国也立刻加入了灯丝的研究，并于1906年，终于用钨丝取代了碳化竹丝，并且获得了专利，钨丝的白炽灯自此一直沿用至今。

电是二级能源，特点是效率高，易于转换和输送。电力的使用，让科技更是一飞冲天，让人们的生活完全进入另一个格局，迈入了全新维度的能源世界。

从 1860~1890 年，出现了 50 万件新发明，其数量是过去 70 年的 10 倍，譬如美国的莫尔斯（Samuel Morse）发明了电报机，他也创造了摩尔斯电码；加拿大的贝尔（Alexander Bell）拿到了第一台实用电话的专利权；德国的本茨（Karl Benz）制造了第一辆使用内燃机的汽车；法拉第（Michael Faraday）开创了电磁感应的发电机；北爱尔兰的开尔文勋爵（Lord Kelvin, William Thomson）开发了早期的交流发电机；美国的特斯拉（Nikola Tesla）取得了高频交流发电机的专利，此后交流发电机的电流频率就历史性地设在 16~100 赫兹（Herz）。

蒸汽机是外燃机，效率不够高，于是内燃机的发明在 19 世纪有着重要的科技地位。法国的勒本（Philippe le Bon）发明了煤气/氢气内燃机，接着法国勒努瓦（Etienne Lenoir）发明以天然气为燃料的二冲程内燃机。虽然效率只有 2%~3%，但这是第一台实用的内燃机，指明了发动机的方向。德国的奥托（Nicolaus Otto）把内燃机效率提升到 10%，四冲程新奥托发动机压缩了行程，以煤气作为燃料，效率提升到 12%。随后德国的戴姆勒（Gottlieb Daimler）制成第一台汽油发动机，接着又制造了第一台烧汽油的汽车。

19 世纪末慕尼黑的迪赛尔（Rudolf Diesel）制成了世界第一台四冲程柴油机，利用高压缩比获得了史无前例的 27%

高效率。20世纪初挪威的艾林（Jens Elling）制成了第一台燃气涡轮发动机。德国的汪克尔（Felix Wankel）制造了转子发动机的雏形，并于1950年完成了成品，随后成了日本马自达（Mazda）汽车的招牌。英国的惠特尔（Frank Whittle）和德国的奥海恩（Hans von Ohain）在1936年使喷气发动机问世。

至此，新科技宣告，智慧文明的摩登时代来临了。

1870年在美国，卡内基（Andrew Caenegie）建造了他的第一个炼钢的高炉，开始宣传"财富的福音"。洛克菲勒（John D. Rockefeller）创办了标准石油公司，生产线的制造概念也终于出现。全世界对燃烧石油、消耗钢铁的汽车工业趋之若鹜。焉知代表进步时髦的汽车产业，只走了不到100年，就遭逢了世界石油危机。

第二次工业革命发生在1870~1914年，它把美国从一个成立不满百年、刚从内战中站立起来的新兴国家，在国际上从后台推到了台前，成为世界上一个后来居上的强国。

就新兴工业而言，20世纪的美国已非泛泛之辈，自然资源丰富，新人辈出，经济力旺盛。1869年开通了第一条穿越北美洲大陆的横贯铁路，开启了他们的镀金时代。1880年铁路总长增加了3倍，到了1920年又增加了3倍。

美国以资本主义立国的经济野心十分大，20世纪初托拉斯盛行，垄断资本，眼中只有利伯维尔场。自由经济主义犹如脱缰野马，让美国滋生要在20世纪成为世界霸主的野心，但也种下了21世纪国家债权高筑、经济逐渐衰弱的潜在危机。

信息革命

第三次工业革命是数字化革命，也就是最早的信息革命。影响最大的就是计算机工业，观诸20世纪末的因特网和21世纪的大数据，可以说二战后开始的信息革命至今仍然方兴未艾。

除了计算机科技，第三次工业革命代表性的技术创新还有晶体管科技、原子能科技、太空科技、人造材料、再生能源、分子生物、遗传工程等，几乎是科技的全面升级。尤其是生命科学引生的生物科技与信息科技的结合，人工智能已然埋下了下一波工业革命的种子。

1945年，美国费城宾州大学的莫克利（John Mauchly）提出了"ENIAC（埃尼阿克）计划"，即第一台普通用途的数字计算机制造方案。由于二战后，科学界对于快速、精准的计算要求大大提高，需要一种能够处理解决大量数值问题的机器。ENIAC最早的用途设定在军事上，于1946年转手赠与宾州大学（University of Pennsilvania），媒体将之形容为"超级大脑"，因为人需要20小时以上做成的计算，它在30秒以内就能完成。

1962年，《纽约时报》引述了莫克利在工业工程师学院的先知型演讲，其中有如是的预言："没有理由假设一般的小男孩、小女孩不能精通一台'个人计算机'。"这是第一次有人使用"个人计算机"这个名称。

在此之前，迷你计算机、微电脑、微处理机等产品五花八门，花样繁多。1968年，惠普公司的第一台HP9100A以"强力计算精灵"的名称出现在大众市场，只可惜反响远不如预期。直到位杂志（BITS）推介的"1977三一组合"——苹果II、PET2001、TRS-80，它们以"个人计算机"的名称登上市场后不到两年就席卷了国际市场。我当时正在美国念博士学位，实验室当时主机只有8 bit-微处理机，一台"苹果II"就是我们抢着处理数据的好帮手。

今天，一台智能手机就相当于一台个人计算机，而且速度更快、功能更多、更多元互动、更人性化，相机、音响、网络无所不有，还有各种应用软件可供下载！

20世纪在生命科学、医学和生物科技方面的成就也是一飞冲天。法国卡雷尔（Alexis Carrel）成功领导进行了人类第一次的器官移植手术，其高超的接合手法和崭新的缝合技术，成为往后器官移植手术的基石，他也因此获得1912年诺贝尔生理学或医学奖殊荣。

第一个成功的人类同种异体心脏移植手术，是由南非开普敦大学的巴纳德医师（Chritiaan Barnard）于1967年为53岁的瓦什肯斯基执行的。瓦什肯斯基有糖尿病和心脏病史，心脏病发作过 3 次，导致淤血性心脏衰竭。新的心脏使他多活了 18 天，他曾经恢复知觉，与家人说话，最后死于肺炎。

器官移植手术成功的关键，在于使用抑制免疫系统排斥外来器官的药物。1983 年环孢素（Cyclosporine）的问世，可以借由抑制 T 细胞活性和生长，提供良好的免疫系统排斥抑制效应，而且使广泛涉及生理系统作用的皮质类固醇的用量也大幅下降。1984 年罗斯医生（Dr. Eric Rose）成功为 4 岁的洛维特完成了换心手术。

自从沃森和克里克在 1953 年发现了 DNA 的双螺旋 3D 结构，生物信息科学就揭开了生命遗传的密码。遗传学掌握了进化理论的微观奥秘，所有与遗传有关的基因生物科技或工程随后都发展得枝繁叶茂，如基因工程、基因体技术、生物医学工程、基因编辑等。

进入 21 世纪后，最新版的工业 4.0 应该是接着 3.0 版的路线，由网络实体系统（Cyber Physical System）领军，新兴的科技工业包括：人工智能、工业或民用机器人、量子计算机、5G 网络、虚拟现实、物联网、无人机、全自动电动车、纳米材料科技、纳米生物医学科技、可重复使用的材料、核融合、太空移民、3D 打印制造等跨领域的尖端产业。但是生物信息最大的挑战，仍在于人类大脑意识与心灵层次的开发。

启蒙运动

谈完工业革命,就不能不提到开启现代化思维的"启蒙运动"。17~18世纪,欧洲掀起了一股崇尚智慧与哲学的思想革命。德国的康德在1781~1787年撰写出版了《纯粹理性批判》,认为人类具有超越经验的先天理性,以及可以产出知识的能力。

继之而起的一群启蒙思想家,他们虽然有歧异之处,却不约而同地将生命投入创新思想的洪流中,谋求群体的快乐、幸福。

这种科文共裕的态度与行动形成了一种文化气候,推动政、法、经、教、科、文、艺、哲、史等全面性的跨国际社会现代化运动。

第5节 精神文明是人类世的希望?

人类发展至今,拥有了兴盛蓬勃的文明,当然有权利拒绝毁灭,挑战永恒。但毁灭是否依然会成为人类文明的终极宿命?如果要寻求希望,又该从何着手?

许多专家相信科技进步、人定胜天。历史上不是没有凭借精神文明超越物质文明的例子,不过如今我们面对的是到了本世纪中可能达到近百亿的人口。许多国家将迎接超高龄社会,经济力和社会力都在倒退。自然环境中各种各样的污染日趋严重，已然濒临第六次生物大灭绝。地球难堪滥取豪夺的负荷，已经显出疲态，更超出了我们所能掌控的范围。

这不是悲观！客观地说，每一种文明社会，一旦进入人口大量扩张到趋近环境的承载极限，就可能要面对环境崩溃、文明倾圮的危机与挑战。这是历史的教训。

且让我们先暂时撇开先进的科技，远溯到3万年前，或许可以得到一些启示。

上古先人洞穴画作的启示

1994年12月，肖维（Jean Marie Chauvet）和他的洞穴学家团队在法国南部的比利牛斯山拉合德舍（l'Ardeche）峡谷，发现了一个尚未有人到过的上古洞穴。沿着穴梯从洞顶下到底部有一个石灰岩洞入口，里头穴室的总面积超过8000平方米。

更令人惊讶的是，岩洞的穴室中满是壁画，画着形形色色的动物。经过定年，竟然是3万~3.2万年前的上古人类遗留的绘画。这是目前世界上所知最古老的智人画作，应该是智人离开了非洲，辗转到了欧洲以后的作品。由于洞窟的底部有大角鹿的壁画，洞窟末端的石室就被称为"大角鹿画室"。

依据调查可知，肖维岩洞至少有过两次人迹占用。第一次是3.35万~3.7万年前，第二次是2.8万~3万年前。较早

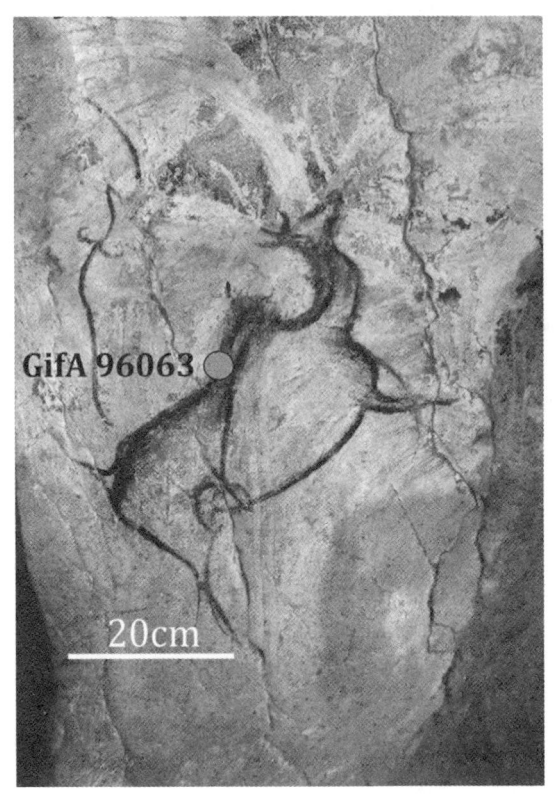

拉合德舍洞窟的"大角鹿画室"

一次的大部分壁画是奥里格纳西亚人（Aurignacian）的杰作，他们并未住在洞中，或许只是把洞穴当作举行某种仪式的处所。

第二批壁画是格拉维特人（Gravettian）留下的。他们已经能用火，但不是用来烹煮食物，而是用来制造绘画的木炭。

他们的画作都是在黑暗中点着火炬创作的。地面上可以看到他们留下来的脚印，包括穴熊的爪印，还有一个小孩和一只狗肩并肩的足迹。这表示在最后的冰期之前，人类就已经有驯养犬只的行为。后来山崩泥石流掩埋了洞穴的入口，就再也没人发现它，直到1994年。

为了保护岩洞不被破坏，法国文化部决定肖维岩洞暂不向一般旅客开放。2010年，德国新浪潮（New German Cinama）的代表人物荷索（Werner Herzog, 1942~）拍摄的3D纪录片《遗忘梦境的洞窟》（*Caves of Fogotten Dreams*），就是以肖维岩洞的壁画为主题，并在2010年多伦多的国际电影节上首映。

这部影片记录了肖维岩洞窟壁上的画作。它的主题就像其他的史前洞穴壁画，以动物为主。肖维洞窟中壁画所包含的动物数量和种类之多，都令人叹为观止，有马、原牛、野牛、麝牛、羚羊、长毛象、长毛犀牛、穴狮、豹、穴熊、驯鹿、大角鹿，还有一只猫头鹰，另一只可能是鬣狗。壁画中起码有十四五种动物，加上数以百计的数量，其规模之大可谓空前。

这些画作显然不是信手拈来之作，有许多是在清理过、刮白了洞壁，甚至整理出框架后，再用炭笔在上面画的，是精心设计与绘制的作品。画中的马群、牛群、狮群等都栩栩如生，线条复杂，场景浩大。

拉合德舍洞窟动态的动物群画作

其中有53幅画作上,有些马以8条腿来表示奔跑的状态。虽然这些画是在黑暗中举着火炬作的,但呈现的动态光影的技术很是高超,引人入胜。有一幅画作在一只鹿的上面呈现了火山喷发的画面,这反应了当时附近或许有活跃的活火山。如果属实,这就是最早描绘火山喷发的绘画了。

这些画作虽然没有人像,却在上半部一个野牛头的下方画了一双不完整的腿,还有把手掌按在壁上,然后把颜料吹到壁上来完成的手模印。此外,整个洞窟都能看见一些点或线组成的抽象符号,极具神秘感。

有人说,我们凭着这些画作的表现形式,可以判断画家应该和我们大概有着相同的大脑,所以画作应当出自智人之手。然而在叹为观止之余,法国著名的史前史学家克洛蒂斯(Jean Clottes, 1933~)曾疑惑地提出:"这些画作究竟代表什么意义呢?"

几万年前穴居的先人,既无大型社会,也没有宗教活动,更不要提展览馆或艺术市场。在填饱肚子都很艰难的环境中,为什么会特地跑到洞里去从事艺术创作呢?究竟是什么力量驱使他们如此热衷于发展并非生活最需要的抽象认知能力和艺术行为?简而言之,人是为什么会从事艺术?

这个问题可能永远没有标准答案。

不论原因是什么,《遗忘梦境的洞窟》中有一句话深得我心:"这些洞窟画作的存在揭示了艺术所代表的精神生活是多么根本和自然,照亮了人性本身。"

考古显示我们是唯一与艺术共存的人类。当我们开始懂得诚实地凝视自己的内在心灵与意识,并且与之对话时,思考常常会进入深邃的境界,欲望会升华、精神会活化,甚至形成信仰。

我们不知道人类对心灵与精神的诉求,是否能使世界更加美好,但是我们的物欲行为导致资源日趋溃乏,则已是既成的事实。但不能忘记的是:现代人具有一个能诉求精神心灵与意识的大脑,天生会想要探索世界和了解自己,不只满足于生存和延续后代,更会向往未来,关心生命的价值。从大脑科学来看精神领域,虽然仍是一片未知之地,但以精神超越来提升自我的灵性,也许并非虚幻的无稽之谈。

大脑科学与心灵、意识的奥秘

心灵和意识之于人的身体,就好比宇宙中的暗能量与暗物质,似乎存在,却缺乏清楚的认知。

关于大脑与心灵,人们较感兴趣的不外乎"人有灵魂吗?""人死后灵魂可以独立存在吗?""先有身体还是先有灵魂?""心灵与意识可以移植或复制吗?""人有自由意志吗?"等。许多宗教信徒笃信二元论的身体与灵魂,甚至有人相信三元论的灵、魂、体,但都只能做一些捕风捉影的印象描述,无法提出具有说服力的研究型定义。

1900年,精神分析家弗洛伊德(Sigmund Freud,1856~1939)在《梦的解析》(The Interpretation of Dreams)一书中,企图解释潜意识与人性,探究自我、超我的心灵结构理论。虽然他提出的理论和定义很多都已经被后人挑战或改写,但发展至今,研究心灵与意识已成为当今大脑科学中的核心课题。

与沃森共同发现DNA分子结构的克里克,在1962年获得诺贝尔奖之后开意识研究之河,于1994年出版了研究意识与灵魂的科普书《惊异的假说》(Astonishing Hypothesis)。值得一提的是,克里克选择了专攻大脑与神经科学的策略来研究意识。

他提出的假说中，主张意识是一堆神经元（Neurons）产生的现象。这是相当唯物的思维。无独有偶，因为发现免疫系统的抗体分子，而获得1972年诺贝尔生理医学奖的埃德蒙（Gerald Edelman, 1929~2014），在2004年出版的《大脑比天空更辽阔》（*Wider than the Sky*）中，他从神经科学、生物进化等领域的角度来研究意识，而且不认为意识只为人类所独有。

大脑、心灵与意识是如此神秘，犹如一道最后的疆界。科学家研究爱因斯坦留下来的大脑，尚且不得其门而入，现代医学对霍金中枢神经发育不良的大脑，也是无能为力。我们对脑科学的研究，还需要假以时日才能有更多认识。

科学提升了人类理性的思考力，但是有效未必美好，有解未必能全知，真实未必有智慧，精准未必万能。历史上真正的喝彩，总是属于那些能摒弃私利、眼光远大的智慧之士。就像宋朝苏东坡在《前赤壁赋》中所写："且夫天地之间，物各有主，苟非吾之所有，虽一毫而莫取。惟江上之清风，与山间之明月，耳得之而为声，目遇之而成色，取之无禁，用之不竭，是造物者之无尽藏也，而吾与子之所共适。"超越物质欲求、精神与天地合一，才可能突破物质欲望的桎梏，开辟崭新的心灵格局。

利他、爱与创造行为

曾有人看见象群对着遭蛇吻而躺在地上的同伴，不停地想帮助它再站立起来。第二天,这群象又回到了同伴已经冰冷僵硬的尸体旁边。悲伤地在一旁摇动尸体。

我们对象群展现出和人类相似的亲情与同理心,难免心生戚戚相惜之情。有人还观察到猩猩、鲸豚等哺乳动物和一些鸟类,对同伴或其他的生命也都有类似的行为。人类应该如何看待这些被人视为珍贵感情的表象呢?

科学家发现,哺乳动物(当然包括人类)对于自己和周边环境以及其中的生命,可以产生各种情绪与反思,而且层次十分多样复杂。大脑科学家大多认为情绪源自进化,目前对情绪调控的研究发现:生命的社会性与同理心,以及对艺术品的赏析过程,在神经元的传导历程上具有相关性。

心理学家还认为,利他行为是同理心的一种较高层次的表现。在达尔文提出进化论之前,很多文化中早就将仁爱之心看作一种无上的美德。现在则常把爱的意志看作社会型动物进化出来的高层次情绪认知与自省的行为。无私的爱常常能创造生命中的奇迹,化腐朽为神奇。

电影《阿甘正传》(Forest Gump)中,阿甘曾说:"我不是个聪明人,但是我知道什么是爱。"创造力不同于智力。智力重在处理解决眼前的问题,如果我们仅着眼于生命表面的优势或眼前的小利小惠,至多只能追逐一时的成就。创造力与生命之爱则必须关注生命的终极价值,有时甚至不惜牺牲自身利益,以追求更高的价值。

爱与创造在生命中同质且同源，人类的创造力是潜藏于人性中有着能超越自我生命的价值。个人在生活中的创造能力表面上似乎有高低之分，但是真正的差别不在于肤浅的成就，而在于面对生命价值的取舍。

阿甘尽管智力平凡，但是对生命之爱的执着，却能打开希望之门，成为跟随者的榜样，开创生命的奇迹。如果具有利他精神的崇高爱心真是矫正个人私欲功利的希望，我们就应该觉悟精神生活的提升才是人生应当依附的根基。生命必须回归精神上的真善美，才能激发与自然同行的永续之心。

文化传承

人类的生物面相和文化面相看似截然不同，如今大多数人都知道基因影响遗传特征，但"文化基因"或迷因（Meme）的概念则较少人听说过。英国进化生物学家道金斯（Richard Dawkins, 1941~）提出"迷因"的概念，指的是人与人之间在言语、行为、风格等各种文化特质上的模仿。这就好像文化也有可复制的基本"遗传"单位。

既然生物可以进化，文化又何尝不能？文化上的传递效力无法像基因复制那般精确，但意义更宽广。戴蒙德认为：人类后天从文明中学来的本事多，原创的事物少。大脑科学对智力和创造力有不同的定义和阐述。智力和创造力基本上是两种不同的计算框架，但是模仿不代表不能创新。先起步的未必能赢，现在赢的也未必永远是赢家。

文化传承是生命进化之外的另一个历史因素，影响着族群发展。现代人类在如此密集的生活环境中，要再进化出新物种的可能性已经微乎其微，但是文化传承可能成为历史嬗递的主流因素。如果我们懂得超越自私的物欲人性，允许善良的精神生活与利他的文化创造，或许人类的文明可以扮演更积极推动自然永续的角色。

未来教育与永续的未来

物理学家戴森（Freeman J. Dyson, 1923~2020）说："梦想是为了后代子孙！"为后代子孙甘愿辛苦也是"自私的基因"使然。同理，珍惜万物的生命，跨越人类世可能崩溃的边际，寻求可长可久的文明，也是为人类及其他群体谋求未来的选择。

每个人都有梦想，但是追求梦想的人，并不都能在梦想中实践生命的价值，更少人能够以坚持利他的生命之爱来实践共好的梦想。然而，创造对个人和众生都有意义的未来，才是人类世所需要的教育。

科技文明起飞后引生的新问题，绝不少于已经解决的问题。新问题常常更复杂、更棘手，除了挑战我们的知识，更挑战人性的智慧和良知。既然我们的智力赶不上解决所制造的问题，就必须及时反省自称为"智人"究竟是否正确？是否睿智？如果答案是否定的，我们有没有机会悬崖勒马，改弦更张？这才是更重要、更深刻的问题！

教育是人类陶塑人性的不二法门，也是人性的未来工程。北京大学的蔡元培校长曾说："教育者，养成人格之事业！"精神生活与利他德行的萌芽、成长和着根，比起学习艰深的知识更需要投注环境、时间与坚持。面对人类世的未来，提升人格的教育必须重新在我们的生活中被启迪。

此外，我们在自由开放的社会中，必须学习凡事有所为，有所不为。在习于追求恣情任性的世界潮流中，这类倡议或许听起来有违时宜，但我相信这才是在人类世必须诚实面对的课题。让我们内在的人性自觉复苏，淬炼精神生命，兼具仁人爱物、关怀生态的教养，人类才更有机会回归永续的轨迹。

我个人认为：学校教育不应该只提供就业的工具，更重要的是要提升情操与品格的内涵。深入认识周边的环境和文明的命运，这可能不是当今学校里的功课，却是我们生命中更需要学习的心智亮光。对社会化的个体教养出爱人于先、自身受惠于后的禀性，正是攻克己身，叫身服我的操练！

我也相信，人文的力量必须学会找到人性价值的方向，为人类的未来指点迷津，说服科学技术量力而为，有所节制。人文与科学应当学会对话，这也是未来教育的核心目标。

结语

人类世的边际

——人类世是文明的边际吗？

宇宙的诞生与演化，究竟是有特殊力量操纵，还是纯粹的偶然？

宇宙中最多的元素是氢，氢原子由质子和电子组成。为什么不是反质子和正子（反电子）？如果宇宙曾经历过不对称的演化，如果宇宙中的生命是恰巧的存在，我们将如何定义和阐述存在与生命的意义？

自从人类发展出科学，科学家提供了以理性为基础的知识，我们比前的人更明白物质的世界是如何发生、存在、运作的，但是仍然无法回答我们自己为何存在？

房龙（Hendrik Willem van Loon, 1882~1944）在他的《人类的故事》序跋中，曾说了一个故事：

有一个国度，四周都被群山环绕。国度流传着古老的禁令——越过山岭，离开国度的人必会丧失性命。

世世代代的长老们都严格地遵守着禁令，他们严厉地警戒所有的年轻人，千万不可越过山岭，否则必然会承受最可怕的诅咒。偶然有冒险违背禁令的人，都从此失踪，没有再回来过。

跨越生命的边际是一条无法回头的道路，这已经化为所有活着的人颠扑不破的信念。因为没有人从生命边际的彼端回来过，所以"边际"永远标志着令人恐惧而怯于逾越的神秘。

最后，一个年轻人掩盖不住心中的好奇，决定越过了山巅。他赫然发现了山峦外面的遥远处，有着前所未见的美好景色。遂毅然往前，追随以往突破禁令的先人，选择远离家园，不再回头。

房龙不知道的故事是：这个叛逆的年轻人在新的天地中，又创造了另一个有禁令的国度！

边际是一个关隘，它是来路的终点，也是去路的起点。在宇宙时空的长河中，边际永远不是结束。来路或许会中止，去路可能是柳暗花明又一村。来路上的行者可能无法经历去路的景观，但是去路上永远不缺新的行者。

6500万年前，一颗来自星际远方的彗星，将地球上存活上亿年的恐龙族群带到了生存的边际，但是却为鸟类和哺乳动物创造了广大的生存空间。鸟类和哺乳动物逾越了恐龙的边际，获得生存契机。

700万年前，非洲阿法南方古猿从树上下来，踏上草原，此后就成了两只脚行走的"猿类"。约200万年前，在仍不清楚的原因下，南方古猿走到了它们的边际。能人敲打制造粗糙的石器，开启了漫长的旧石器文明。

在100万年内，许多人种兴起，有些甚至从普罗米修斯手中接过火种，却又在各自的边际消失。在不同人种生命的起落中，约30万年前，当时的地球上只剩下寥寥数种人类，最有名的就是欧、亚的尼安德特人和非洲的智人。

智人在5万年前走出了非洲，跨越了五洲七海。

大约3万年前，地球来到了距离现今最近的大冰期，整个北半球大部分被冰覆盖。约在1.5万年前，冰冻的星球终于开始融化。尼安德特人没能够走出严寒，成为一支消失在更新世边际的族裔。

智人与尼安德特人相反，跨越了严寒的边际，趁着天气越来越暖和，开始大量采集狩猎，以胜利之姿踏入了全新世。全新世终于成为旧石器、新石器文明交替的边际，智人进一步发明了文字，走过新石器、青铜器和铁器时代，建立王国，成为有历史的族裔。

欧洲的智人在中世纪发动了文艺复兴、科学革命。约200年前，开启了第一次的工业革命。科学脱离了人文的束缚，科技挟着没有感情的知识爆炸般成长。200年来，世界的人口从10亿扩张到现今的近80亿，资源无尽的消耗，把地球带入了"人类世"。

科学企图跨越历史的传统边际，却将世界带到"人类世"

的新境界。科学技术使人类宛如成为新的物种，像是凌空跨越了数个边际。但是也有人说：人类把地球带入第六次生物大灭绝的边际。

19世纪，欧美文明开创了资本和市场导向的经济社会。20世纪末，随着利伯维尔场全球化，人类对物质贪婪的强取豪夺、掠地杀戮，满足口腹耳目之欲。21世纪的人类世俨然迫使芸芸众生走向自然灭绝的边际。没有了人文关怀和崇高的精神生活，科学技术宛如脱缰之马。

面对人类世的新困境，科学虽然走出一条理智、聪明之路，却也是孤芳自赏的歧路。科学绝非万能，科学若拒绝了人文，与世人隔绝，科技进步未必表示前途必然光明，因为人类尚未学会如何掌舵文明的方向。

然而人类世的边际究竟有多远呢？

人类世往后的路又会如何继续呢？

人类能分辨自然的下一个边际吗？

人类能学会引领自己文明的方向吗？

人类世是人类的终极挑战吗？